상처받을 용기
모두에게 사랑받을 필요는 없다

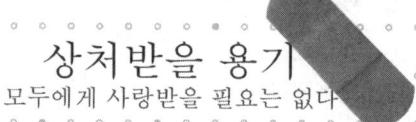

被伤害的勇气

不必让每个人都喜欢你

[韩] 李承珉 ♥ 著　程匀 ♥ 译

图书在版编目（CIP）数据

被伤害的勇气：不必让每个人都喜欢你 / (韩) 李承珉著；程匀译. —北京：华夏出版社, 2017.4

　　ISBN 978-7-5080-8894-5

Ⅰ.①被… Ⅱ.①李… ②程… Ⅲ.①挫折(心理学) – 通俗读物 Ⅳ.①B848.4–49

中国版本图书馆CIP数据核字（2016）第219110号

THE COURAGE TO BE HURT
Copyright © 2015 by Lee Seung Min
All rights reserved.
Simplified Chinese translation Copyright © 2017 by Huaxia Publishing House
Simplified Chinese language is arranged with Wisdomhouse Publishing Co., Ltd.
through Qiantaiyang Cultural Development (Beijing) Co., Ltd.
简体中文版© 2017 华夏出版社

版权所有，翻印必究。
北京市版权局著作权登记号：图字01–2016–3170号

被伤害的勇气：不必让每个人都喜欢你

作　　者	[韩] 李承珉	
译　　者	程　匀	
责任编辑	陈　迪	
出版发行	华夏出版社	
经　　销	新华书店	
印　　刷	三河市少明印务有限公司	
装　　订	三河市少明印务有限公司	
版　　次	2017年4月北京第1版　2017年4月北京第1次印刷	
开　　本	880×1230　1/32开	
印　　张	6.25	
字　　数	100千字	
定　　价	39.00元	

华夏出版社　网址:www.hxph.com.cn 地址：北京市东直门外香河园北里4号 邮编：100028
若发现本版图书有印装质量问题，请与我社营销中心联系调换。电话：（010）64663331（转）

目录

前言　被伤害的勇气　　　　　　　　　　　1

第一章　不被认可也没关系　　　　　　　001

　　和伤害我的人见面　　　　　　　　　　002
　　为了得到认可，我每天都在努力　　　　008
　　在爱里中毒的人们　　　　　　　　　　017
　　摇篮与森林之间　　　　　　　　　　　023
　　自尊心给我力量　　　　　　　　　　　028
　　成为世界中心的勇气　　　　　　　　　035

第二章　每个人都在挨骂中生活　　　　　043

　　"找骂"的人们　　　　　　　　　　　044
　　没有人能得到所有人的喜爱　　　　　　051
　　其实我也时常中伤别人　　　　　　　　058
　　不被伤害击倒的方法　　　　　　　　　064

我没那么软弱　　　　　　　　　　071
　　　需要自信　　　　　　　　　　　　077

第三章　别把受伤当回事　　　　　　　　　085

　　　不依赖的练习　　　　　　　　　　086
　　　不必羡慕别人朋友多　　　　　　　092
　　　眼力见儿100段位的人，真的好累　098
　　　怎样对付这个充满是非的世界　　　106
　　　啃噬我内心的怒火和绝望　　　　　114
　　　情绪的列车终于也开走了　　　　　120
　　　不是我的错　　　　　　　　　　　128
　　　相信自己是个不错的人　　　　　　134

第四章　心中有爱的人才会得到爱　　　　141

　　　一个人的时候会越来越完美　　　　142
　　　只有我存在，这个世界才会存在　　148
　　　用自己把自己填满　　　　　　　　155
　　　从内心接受自己的情绪　　　　　　162
　　　让灵魂更强大的自我训练法　　　　169
　　　寻找被伤害的勇气　　　　　　　　177

跋　　现在，请将目光投向爱你的人　　　182

前言 被伤害的勇气

大概去年这个时候，我看了一部名叫《狩猎》的丹麦电影，至今印象深刻。男主人公是一位心地善良的幼儿园老师，却阴差阳错地被扣上了性侵女童的罪名。他努力为自己辩解，声明自己是清白的，却没人相信他。这种误解让他陷入了痛苦的深渊。他日渐憔悴，几近崩溃。看到主人公被冤枉却无处诉说，想为主人公鸣不平却无可奈何，这让我产生了强烈的共鸣和极大的代入感。直到影片最后，人们对主人公的误解和怨恨依然没有消除干净。一个人无心扔出的一块

被伤害的勇气

石头,却给被砸中的人带来了无以言说的苦痛。猎巫的后果是可怕的。

这部影片最让我印象深刻的部分,就是主人公周围同事和朋友对他憎恶的眼神和冷漠的态度。他们对主人公的辩解置若罔闻,却在背后叽叽咕咕。他们觉得他肮脏,故意躲避他,就像在躲一个死人。可恰恰这些人昨天还和他一起在酒吧搂着肩膀喝酒、唱歌,还以朋友相称。他们因为一句没有任何根据的谣言就立刻抛弃了他,这似乎为生活在现代的我们敲响了警钟。这种事情在任何时候、任何地点,都有可能发生。

每当我遇到因别人的非难和指责而痛苦的人,就会想起这部电影。从某种程度上来说,人们似乎时刻在准备攻击别人。昨天是朋友,今天就有可能变成敌人。如果是不相识的人,攻击可能来得更猛烈些。我并不是说这个世界上没有任何可以值得相信的人。为了我能生活得更好,很多人给予我关心和帮助,监督我,激励我。但人心易变,有时甚至找不到合适的理由来解释,这让人很郁闷,就像人们常问"你为什么不爱我了?"一样。从原本亲近的人的口中听到中伤自己的话,这种伤害是成倍增加的。最后造成的结果是,我们开始慢慢相信自己是不受欢迎的人,开始有意躲避周围人。

前 言

不管是生活还是工作，都因这种挫败感而变得异常艰难。

然而，我们不应该就这样消沉下去。冷漠的环境在今后的人生漫漫长路上是长期存在的，我们不能以此为借口来解释受到指责的原因，也无法解决被伤害的处境。如果你总是想"我怎么会来到这种公司工作？""我怎么会和这种人共事？"，得到的结论很有可能趋向于悲观的宿命论。事实上，这种处境以后我们还会遇到很多次，你离开了这个公司，满怀憧憬地踏入另一家新公司，也不能保证你不会遇到同样的处境。到时候你怎么办呢？再换一家公司吗？直到找到一家所有同事都很对你胃口的公司才罢休？可你觉得这可能吗？因与同事不和而频繁换公司的消息如果传开了可怎么办？要知道，好事不出门，坏事传千里！

所以我们要培养自己的忍耐力。**改变环境是自己能力以外的事，但保护自己的能力却是与自身努力息息相关的。**自我保护是一种本能，就像一只虫子飞到眼前我们会不自觉地闭上眼睛一样，避免受到伤害也是一种理所当然的本能。我们不知道那些指责、伤害我们的话会在何时何地出现。我们需要自我防御，防御的理论是否充分、是否真实并不重要。我们不能轻易地向别人透露自己的内心世界，特别是对那些明目张胆来攻击你的人。无准备状态暴露在外是很危险的。

被伤害的勇气

内心一旦受挫,恢复起来就很难,就算恢复也会留下伤痕。

当我们受到伤害时,就更不能轻易暴露自己,也不要偷看别人眼色,或是张开"触角"打探别人的口风。要相信这种遭遇总会过去的,我们总是会战胜它的。千万不要低估自己的能力。磨难会让人变得更坚强。就像经历过几次失败感情经历的人,最后总能找到成熟的爱情一样,被指责、被诽谤后走出阴影,战胜自我的经历,会让你变得坚不可摧。我们不妨这样想:**受到伤害时,恰恰是锻炼的好机会**。可能第一次遇到这种处境时,你会觉得很难解决,受到很大打击,但当经历过几次之后,你的忍耐力和解决问题的能力会得到很大提升。你会遇见一个全新的自己。

为了能在危急时刻处变不惊,平时的锻炼也是至关重要的,这就好比坚持运动会让身体变得强壮一样。大力士的身材不是一朝一夕练出来的,强大的内心也不是一天就能养成的。努力增强自信心的练习每天都要有。为了老有所依,我们努力工作赚钱,同样,为了对付他人的诽谤和攻击,我们也要坚实自己内心的"阵地"。为了做到这一点,最重要的就是寻找那些能证明自己存在感的活动,并努力去实践。我们不要浑浑噩噩地度过一天,要给每一天赋予不同的意义。那么,我们怎样让生活变得有意义呢?其实你在提出并思考

前 言

这个问题的时间，就是有意义的时间。这种自省，我们平时做得太少了。

这本书是我针对"被伤害"这一主题的思考和思考的结果。从狭义上来说，这本书主要在谈论"被伤害"，但从广义上来说，这也是一本介绍如何过上幸福满足的职场生活的建议书和报告书。少做事、多休息也许是最好的答案。但我思考的是，在同样的条件下，甚至在同样的时间内做同样的事，你怎样比别人过得更有意义，怎样比别人收获更多。我提出的这些方法也许有的读者非常赞同，有的读者举手反对，但只要能让那些在这方面有苦恼的人通过我的书找到一些突破口，我就心满意足了。

第一章

不被认可　也没关系

被伤害的勇气

和伤害我的人见面

　　入职两年的K先生最近因常有要辞职的想法而失眠。K先生认为自己一向工作勤奋，积极的工作态度不输给任何一个新员工，可自己部门的部长却总指责他做事慢、不机灵，甚至在同事面前大声斥责他。K先生为了挽回形象做了许多努力，但依然于事无补，反而情况比以前还糟。他甚至有些自暴自弃了。K先生发现不管自己怎么努力，上司都置若罔闻，而且这种状况短时间内看不到有任何改善的可能。辞职的念头越来越强烈。

# 第一章
不被认可也没关系

事好做，人难处

我们每个人在职场都会遇到各种各样的压力。有些人运气好，同事间和睦相处，互相鼓励、协作、激发灵感，但现实中大部分人都没这么幸运。现代人的压力源主要分为两种，一是来自职场，二是来自家庭和个人。大部分上班族过的是朝九晚六的生活，当然还有不计其数的加班。因此，除了睡觉，一天中三分之二的时间都是在职场度过的。当我在我的工作单位——企业精神健康研究所和前来咨询的人进行面谈时发现，因工作压力大而苦恼的人远比因家庭琐事、经济或健康问题而苦恼的人多，就算两种压力同时存在，工作压力大也是主因。虽然每个人情况各不相同，但大体上来看，越是看重工作成果，对他人评价敏感的人，感受到的工作压力就越大。

工作压力的种类也可以简单地分为两种。一种是"工作量大、难度高、没有休息时间、工作不适合我"等工作本身的属性问题，另一种则是"和同事难相处、同事讨厌我、和不对路的同事一起共事很痛苦"等人际关系问题，**即归结为两个字："事"和"人"**。但从面谈结果来看，和人相关的问题更为突出。咨询者大都先从抱怨工作本身开始谈起，说

被伤害的勇气

着说着就会带出和自己有矛盾的人。很多人提出"就算工作繁重，如果能安心地专注于工作也行"的想法。正在看这段文字的你也许有着类似的想法吧？那么，是什么折磨着我们呢？其实就是——人。我的上司、同事、下属……我周围的所有人。

　　人际关系问题左右着职场生活的喜怒哀乐。即便是亲和力强的人也会有这方面的苦恼，就更甭提那些有意与其他人保持一定距离的人了。职场就是人们一边相互折磨一边做事的地方。人际关系问题有纵向和横向之分。应该怎样对待上司，和平辈同事怎样相处，下属如何看待自己等需要操心的事举不胜举。刚到一个新公司时，你无法选择即将和你共事的人。运气好会遇到"情投意合"的，运气不好就如同走在一条充满荆棘的路上，举步维艰。为了满足别人的期待，我们会不断努力，提高自己，但这种努力是能有所收获，还是付之东流，就不得而知了。

　　"讨厌寺庙就别当和尚"，有的人因为不喜欢某个同事就想辞职换公司，这个做法确实非常简单纯粹，但却是错误的。因为职场是一个和生存相关的地方，是获得我们生活所必须的财富收入的场所。不喜欢某个学校可以转学，不喜欢某个社团可以退出，但职场却是个"进退两难"的地方。偶

第一章
不被认可也没关系

然进入的某个职场、遇到的人，会决定我们生活的质量，而在这一过程中最难忍受的就是他人对我的伤害和仇视。

连接伤害与抑郁的莫比乌斯带

前文所提到的K先生的例子，是体现伤害的表现和结果的典型职场问题。A入职后摩拳擦掌，干劲十足，此时上司B出现了。他看不惯A所做的一切，抹杀他所有的业绩和努力，只要出一点错就揪着不放。A觉得只要和B相处一室就如坐针毡。每到周日晚上，一想到第二天又要见到B就痛苦得难以入睡。虽然有时候也想和他大吵一架，但一想到绩效考核等现实问题，就泄了气。

除了上司以外，来自同事和下属的伤害也是不可小视的。一般在规模比较大的公司，会存在"帮派"现象。就像上中学时，关系近的几个同学总在一起活动，公司里也会分成多个群体。群体内部的关系错综复杂，有的人开始关系很好，后来渐渐疏离，还有些人就因为处于某个群体中，就被无端指责和诽谤。其实这些诽谤大都是一些无足轻重的误解和偏见，"听说他怎么怎么样"的闲言碎语有可能被当成真实的消息而传得尽人皆知。很多职场人都曾经是"悄悄话"

被伤害的勇气

的受害者。再说说下属,虽然相比上司和同事,对下属的操心会操得稍微少一些,但也会听到"他哪儿有上司的样子啊"、"他什么都不教我"等诸如此类的指责。来自上司的压力本来就不小,但平辈同事和下属的这种"群体式攻击"似乎力量更为强大。

人们一般在遇到这种伤害时,开始的态度总是积极的。有的人直接面对,有的人忽略不管。"他们不了解我,我的闪光点他们还没发现呢"、"他怎么会理解我现在的处境"等想法,以及"他这么说也有他的苦衷吧"、"他本来就是这种人"等试图理解对方的想法都会出现。但当一个人长期地遭到强烈的指责和诽谤时,这种防御方法就不管用了,最终会导致自信心的丧失。当面对"你以为你是谁"、"你有什么了不起的"的挑衅时,开始还会以"你并不比我好多少"、"我虽然有时候会犯错,但总体是个能力很强的人"来为自己辩护,但当时间长了,"我果然什么都不是"、"我确实很差劲"等自我贬低的想法就会慢慢产生。长期暴露在非难与指责中,保护自身的壁垒会渐渐土崩瓦解,对于别人对自身的否定性价值判断,无法再做出有力的反驳。精神危机进一步深化,自我贬低加剧,严重者甚至有可能患上抑郁症,必须接受治疗。

第一章
不被认可也没关系

当人进入这种精神状态时，已经无法做出正确的判断，在人生的重要节点上也会做出错误的决定。很多人在"只有远离这个地狱一样的公司我才能活下来"的想法下，递交了辞职信。当然，不能说离开公司就一定是错误的决定，而且从某种角度来看，这还是一个最实在的、最简单的解决方法。"再也看不到那些折磨我的人了，心情一定会好起来的吧！"但是，因为长期遭受指责而导致自信心受挫或精神崩溃的状态如果得不到改善，心理问题得不到解决，当你来到新的公司又遇到同样的问题时，就真的"叫天天不应，叫地地不灵"了。一个没有任何自信，认为自己一事无成的人，如果再遇到指责和诽谤，他会怎么办呢？他只会选择逃避和逃跑。在这个莫比乌斯带中，自信心进一步丧失，"自己是一个失败者"的思想烙印越来越深。这就是长期受到指责后产生的最糟糕的后果。在这一过程中，受害者会陷入深深的抑郁之中无法自拔，要忍受不安和失眠的折磨，痛苦不堪。

被伤害的勇气

为了得到认可,我每天都在努力

40多岁的A姓患者来到医院,讲述自己因为情绪喜怒无常,导致他与家人和同事的关系出现了各种问题。对于导致自己情绪失常的原因,他也感到很困惑。名牌大学毕业后进入现在的公司,至今工作已满十年。自认为事业心比较强。对于这一点,他觉得既有好处,也带来不少烦恼。每当工作进展不顺利,他总会因为一些鸡毛蒜皮的小事和同事或手下大发雷霆。通过与A先生的谈话我了解到,他有过海外研修经历,工作能力强,是公司里备受瞩目的重点培养对象。正是因为大家给予他过多的期待,才导致他变得非常焦虑和敏感,特别在乎周围人对自己的评价。得到上司的夸赞了,他也许会高兴一阵,可一旦听到同事对自

第一章
不被认可也没关系

己略有微词,情绪就一落千丈。也就是说,他情绪的好坏完全取决于别人对自己的评价。而易怒的表现,难免被他人贴上"冲动"、"小心眼"的标签。

希望获得他人的认可是无法降低期待值的本能

每个人都希望获得别人的认可,不管是在家里还是在单位。这里所说的"别人",有同在一个屋檐下、照顾自己生活起居的父母,也有寂寞时一起吃饭喝酒、伤心时倾诉烦恼的朋友。但随着年龄的增加,从父母或朋友那里得到的安慰好像越来越少了。父母对我们的一举一动不再像以前那样关注,他们更愿意趁着身体还算硬朗,去爬山、去旅游,开始"人生第二春"。就这样,我们忙工作,父母忙着享受丰富的晚年生活,相互之间联络的次数越来越少,甚至到了"没有消息就是好消息"的程度。自己的小家庭也同样。在家里等待我的另一半,不管她是整天忙着做家务的全职主妇,还是和我一样奋斗在职场的上班族,都没有太多的精力去管对方了,巴不得落个清静,不打扰到对方休息就算不错。生活就在"你快去刷碗"、"你帮我给孩子洗个澡"这样的反复对话中向前。

被伤害的勇气

职场是一个小型社会，是按需构成的人群。大家忙于实现各自不同的经济目标和人生理想，哪会把大把的时间和精力放在别人身上？期待父母或配偶关心自己还差不多，期待那些与你没有任何血缘关系的人主动站出来对你嘘寒问暖，这种想法是不是有点过分？虽然有些公司里同事间相处融洽，互相关心，有着深厚的"革命友谊"，但这种关心也大多只发生在对方没有太多心理压力的情况下。然而职场如战场，能够做到给予别人足够的关心和认可的"无压力"状态，是否真的容易做到呢？

说完了职场说家里。下班回到家，夫妻双方都希望对方能先关心一下自己，都想先跟对方诉说自己这一天过得如何辛苦，渴望得到安慰。不管是做不完的工作，还是做不完的家务，抑或是性格怪异的上司，都值得大大吐槽一番。然后抱着"别人不理解我，你还不理解我吗？"的想法，期待对方给予回应。这里有一个问题，那就是双方都想"抢占先机"，都想先发言。"你先听我说，我说完保证认真听你的"这种自私的想法占据着大脑。可是对方的心理活动却是"当然，我知道你很辛苦，可我比你辛苦好几倍呢，你先听我说不行吗？"接下来，主导权被夺走的人只能先听对方诉苦，但这时他的想法更多的是"就你累吗？我也累死了好不

我们很难回避他人的视线和评价。
但要想在职场获得成功,
就要学会忽略那些无关紧要的评价,
用智慧寻找生活的平衡。

好!"这样一来,双方很难发自内心地同情、安慰对方。能主动问一声"今天很累吧?"的老公或老婆,真可以算得上是模范配偶了。各位读者朋友不妨回想一下,你们回到家,是否会先对老公或老婆表示关心?总之,如果夫妻双方之间的争吵和摩擦得不到有效疏解,就很难得到对方真心的理解与支持。

好,这就是现实。我是一个成年人,要自谋出路,为自己负责,光发牢骚是没有用的。既然得到别人的认可那么难,那不妨降低期待值吧。谁说必须让所有的同事都认可你了?倒不如安安稳稳、不惹事,按月拿工资了事。再说,只要你默默无闻地踏实干活儿,领导肯定不会为难你,绩效考核评分也不会有太大问题。和同事之间的关系,只要不发生大的过节就好了,至于他怎么看待你,觉得你哪儿好哪儿坏,这都不重要。家里也是一样。只要在外人看来没有大问题就行。夫妻间没有太大的争吵,孩子慢慢长大,这就已经很不错了,没必要让所有亲戚都喜欢你。你看,一旦期待值降低,似乎一切都迎刃而解了。对别人没有过多的期待,把心放空,日子照样过得下去。至于别人的评价,算不得多么了不起的事。

可是,**希望获得别人的认可,是人类的本能之一。所谓**

第一章
不被认可也没关系

本能，是无法通过降低期待值来调节的。 比如我现在都快饿死了，我会降低对食物的期待值吗？所以，就算你默默在心里自我安慰"别人不认可我也没关系，我就老老实实地混日子呗"，可到了公司，你真的不希望获得上司的肯定吗？回到家里，真的不想听到老公或老婆的赞扬吗？现在一些"鸡汤文"中动不动就教导大家要"达到内心的平静，学会放下"，可说归说，哪儿那么容易就能做到？**我既不是看破红尘的和尚，也不是哲学家，只不过是一个普通人，我没办法降低渴望获得他人认可的期待值。** 经常听到有人说，舍弃对金钱和名誉的追求就能得到幸福，可我们真的能够做到吗？这就是理想和现实的差距。

其实，现在人们苦恼的并不是得不到认可，而是总受到指责和伤害。"别人认可不认可我都是其次，只要不伤害我就行"。很多人因为一些莫名其妙的原因而受到伤害，觉得很冤枉。是啊，不论是谁，听到不好的消息，心情都会受影响。再加上很难找到可以倾诉的对象，只能一忍再忍，痛苦不堪。现在我们的期待值已经从"希望获得认可"大幅降低到了"不受到伤害就行"的地步。既然无法躲开纷繁的是是非非，不如就堂堂正正地面对吧。衡量一个人的社会生活是否成功，似乎与对指责和诽谤的忍耐力强弱有着直接的关系。

被伤害的勇气

把破碎的心重新黏合在一起的爱的黏土

　　上班族L女士总爱跟自己的亲妈发牢骚。既要带孩子又要上班的她时常感到身心俱疲。每当这时妈妈就成了她的出气筒和倾诉的对象。有时一些鸡毛蒜皮的小事也能被她无限放大，哼哼唧唧地抱怨半天。不想在老公面前表现出来的烦躁情绪也都一股脑地甩给了妈妈。有时二人之间会发生争吵，但大部分时间里，妈妈几乎一声不吭。每次发泄完之后，L女士都感到轻松不少。不过是发了一通火，为什么感觉不那么烦躁了呢？L女士觉得这是因为"妈妈永远娇惯自己的女儿，我的火气都传递给她了"，没有别的原因。

　　当今社会，祖父母照看孙子孙女的"黄昏育儿"现象已经越来越普遍。虽然年事已高，体力和精力也不够，但还是有越来越多的祖父母肩负起了养育孙辈的重任。固然有因为喜欢孙子孙女的成分在，**但更多的原因还在于心疼自己的子女**。看到自己的孩子累得不行，哪个父母不想帮把手呢？所以也就顾不上自己身体能不能吃得消，主动站出来要求帮忙带孩子了。

　　L女士的妈妈非常了解自己的女儿。只要看到女儿开始故

第一章
不被认可也没关系

意"找事儿",就大概知道今天她一定过得不太顺心。因为了解,所以也就甘愿当女儿的出气筒。"她今天一定很累,好吧,到我这儿来发泄发泄吧。"这是当妈的对女儿最大的包容。老公虽然也是一个倾诉的对象,但总会有所顾忌,而且考虑到他肯定不如父母对自己的忍耐程度高,所以最终的结果还是又回到父母这里来发牢骚。

  我们总是对父母充满依赖,不分时间地点地渴望得到父母的理解与支持。在这方面,L女士算是幸运的,因为她和父母住在一起,只要有所求,就会得到回应。可很多人是和父母分开住的,常常"远水解不了近渴"。父母已经去世的更是不在少数。在这种情况下,能让我依靠,给予我安慰的人,只能是自己的配偶。然而配偶的忍耐能力远不及父母。慢慢地,我们对配偶的期待值也会逐步下降。在"夫妻诊所"里,很多夫妇反映,他们最想听到对方说的一句话就是"原来是这样啊,亲爱的你真是太辛苦了。"充满理解与肯定的几个字,却那么难说出口,这说明配偶很难代替父母的角色。如果你有一位能像父母那样理解支持你的配偶,那真算得上是人生赢家了!同样,在职场中,如果你觉得"部长像爸爸一样,对我特别照顾",那说明你的运气实在是太好了!

被伤害的勇气

不知道可不可以这样简单地推断：很多人随着年龄的增长，对压力的承受能力反而越来越弱也是基于同样的原因。永远包容自己的父母渐行渐远，困扰折磨自己的陌生人反倒越来越多，就像不断被攻击的城墙，时间长了也会出现裂缝。有了裂缝的城墙需要重新修补加固，而对我来说，**能将我内心的裂缝黏合在一起的，是理解与支持**。他人的关心和爱，能让我的内心变得更加坚固。还有特别重要的一点，那就是**内心的城墙需要经常修补**，因为这是我能否战胜压力和伤害的决定性因素。你能听到我心中的呐喊吗？"谁能给我一些黏土？得像妈妈和爸爸给我的那种质量特别好的黏啊！"

第一章
不被认可也没关系

在爱里中毒的人们

K的大学生活异常忙碌,一方面要确保优异的学习成绩,为就业做准备,另一方面还要参加各式各样的社团活动和社会实践。由于他的努力,老师对他赞许有加,同学们也都非常认可他的表现,认为以他的好性格,无论去哪个公司都会是个受欢迎的人。就这样,在周围人的鼓励和期待下,他如愿被一家优秀企业录取,不知不觉中已经过去了半年。

最近K越来越明显地感觉到,职场生活与大学生活有着本质的区别。工作中要时常保持笑容,努力与同事友好相处,也要足够坚强,忍受得住上司施加的各种压力。看看与自己差不多时间进入公司的同事，一个个也都在看别人脸色行事。K就像在学校里一样勤奋努力地工作，自认为做出了一些成绩，但周围人却无动于衷，非但没有表扬，反而提出了各种质疑，好像随时都在等着他犯错。渴望获得别人认可的K深受打击，郁闷不已。

无视就好了，为什么会选择"否定式"的关心？

期望获得认可，是人类的本能。我们渴望得到上司和同事的称赞，渴望得到家人的理解与支持，然而现实却总是不如愿，很难听到一句暖心的"干得好"或是"你辛苦了"。结束一天的战斗回到家，等待你的爱人也和你一样身心俱疲。夫妻间应有的关心与安慰，经常被浓浓的睡意冲得烟消云散。我们拼尽全力并不是为了获得认可，而是为了躲避伤害，那期待获得认可的诉求该如何得到满足呢？其实被伤害很多情况下是因为得不到别人认可才导致的。下面让我们来整理一下期待获得认可的心情是怎样产生，又是怎样变化的吧。

刚出生的婴儿如果没有大人的保护，是无法长大的。婴儿啼哭、寻找父母的行为，是"喂我、哄我睡觉、陪我玩

第一章
不被认可也没关系

儿"的强烈信号,父母会本能地对此做出反应。如果父母长时间不关心自己的孩子,他就无法对孩子的各种需求做出恰当的反应。

已经成人的我们知道"获得认可"具有多样且复杂的含义,但对婴儿来说,获得认可完全是围绕简单的吃喝拉撒睡来展开的。父母理解"陪我玩儿、喂我奶、抱抱我、亲亲我"等孩子的要求并做出相应的行动,这本身就是对孩子存在感的一种认可。

从孩子的角度来说,和妈妈一起玩儿比自己玩儿要开心,得到妈妈的拥抱也会开心,看到妈妈对我笑比看到妈妈皱眉头要安心。这说明什么呢?说明当对方显示出对自己的关心、做出善意的举动时,人会本能地心情好。就像维持生命需要吃饭睡觉一样,**渴望得到爱也是人类的本能之一**。孩子做出渴望得到爱的表现,父母就会因此做出相应的举动。虽然有少数父母将照看孩子看作是一种义务,但大部分父母对孩子的照顾更多来源于一种爱的回应。

随着孩子一天天长大,他们用来吸引父母关注的举动会越来越多。他们发现如果自己乖乖地吃饭,或是把玩过的玩具收拾好,父母就会很高兴,夸自己懂事。获得表扬就是获得认可,孩子们在赞扬声中获得幸福感和满足感。然而,有

被伤害的勇气

些孩子为了得到父母的喜爱，会做出过分的举动。很多心理医学家分析指出，孩子举止过分或异常，大都是为了吸引父母的关注。可能很多父母听了觉得奇怪，为什么孩子会做出大嚷大叫或者乱扔东西这种并不会得到父母表扬，反而会遭到批评的举动呢？他们不是渴望得到爱吗？可这样做的结果正相反啊。

事实上，对付不听话的孩子最好的方法就是——无视。特别是在训斥或惩罚无效的情况下。当父母既不看他，也不和他说话的时候，刚一开始他可能会更加大声地叫喊，或者闹得更凶，但当他发现这些做法都不起作用时，他就会慢慢安静下来。虽然不同年龄和性格的孩子会有不同的反应，但从理论上来说，如果家长对孩子的过分举动无动于衷，孩子就会放弃这些不会给自己带来任何实际利益的行动，开始寻找新的行动来代替。

孩子当然喜欢父母夸自己，但当让他们选择是被训斥还是被无视时，大部分孩子都会选择前者，因为他们觉得"打骂也是一种关心"，"被爸妈骂肯定不开心，但我宁愿挨骂也不愿意爸妈不理我。妈妈骂我也是因为关心我啊"。由此可见，渴望获得认可这个本能有着多么强大的作用。有些父母不善于夸奖自己的孩子，有些孩子有时也不知道哪些行为

第一章
不被认可也没关系

会得到父母的夸奖,所以他们就想出各种能吸引父母注意力的"方法",这样就形成了一个"过分的举动——得到关心——过分的举动"的恶性循环。

最温暖的认可,是爱

爱无处不在。每个孩子都在充满爱的环境中长大。爱是维系亲密关系的纽带,是人类的本能。其实不光是人类,动物也有着同样的本能。比如小鸟刚一出生,鸟妈妈就会本能地给小鸟喂食,小鸟也会寸步不离地跟着妈妈。不管是人类还是动物,最开始做出的这些举动大都与生存有关。"妈妈喂我吃的,我才不会饿,所以我要和妈妈在一起。"当度过吃了睡、睡了吃的阶段之后,孩子和父母有了更多的互动。他喜欢妈妈冲自己笑,喜欢妈妈的拥抱,喜欢妈妈和自己玩。这时他喜欢跟妈妈在一起的理由不仅仅是为了生存,更多的是为了得到情感上的慰藉。曾有人用小猴子做过一个实验,工作人员把一个用铁丝做成的猴子玩具和另一个用柔软的布填充而成的猴子玩具同时放在小猴子面前让它挑选,结果小猴子选择了用布做的玩具。可见不管是人类还是动物,都喜欢柔软、温暖的东西。安稳的爱,是孩子从父母那里得到的最佳认可。谁不喜欢妈妈温暖的怀抱呢？

孩子慢慢发现，比起吃饭睡觉，得到爸爸妈妈的宠爱才是最开心的。妈妈的笑容和拥抱，比喝到牛奶或睡个午觉的感觉还美妙。孩子完全陶醉在宠爱之中。就这样慢慢长大的他，心中也会一直抱有"妈妈会永远爱我，关心我，支持我"的信念。他带着妈妈的爱，开始探索外面的世界。虽然外面的世界丰富又精彩，但最初我们总会感到害怕与不安。不过，每当这时，我们总能听到心底有一个声音在说："勇敢去探险吧！妈妈会一直保护你。如果感到害怕就回来，妈妈会永远做你坚强的后盾和温暖的港湾。"妈妈的爱似乎已经融化进了我的身体里，是那么让人安心与感动。

获得关心和认可的欲望是人类的本能。既然是本能，任何解释似乎都是多余的。同时，欲望也需要不断地被满足，所以我们从出生开始，就被爱与肯定的"土壤"滋润着。被爱，不只是单纯地左右着我们的心情，因为渴望被爱是一种本能，所以我们必须要得到爱。不但从父母那里，也要从其他人那里得到爱和认可。我们每个人都离不开爱。

第一章
不被认可也没关系

摇篮与森林之间

从事专业性职业的A因为工作繁忙,经常晚归。最近和爱人之间的矛盾也到了一触即发的地步。A有两个上小学的儿子。大儿子聪明好学,成绩全校第一,他们几乎没为他操过心;小儿子却脾气暴躁,上课经常注意力不集中,有小儿多动症的症状。前两天因为小儿子殴打同班同学,A还被老师叫到了学校。他一方面惊讶于两个儿子的表现差异如此之大,另一方面又为表现出疑似多动症症状的小儿子而感到担忧。虽然一直在回避夫妻之间出现的问题,但现在孩子也出了状况,真是雪上加霜。

被伤害的勇气

爱能当饭吃吗？

曾有一位慢性抑郁症患者对我说，他感到整个世界都在故意躲避他、绕过他，好像自己是个异乡人。平时工作生活压力并不大的他，虽然没有被欺骗的经历，但言谈举止之间总是显露出孤独、被孤立的情绪。我问他有没有过这样的朋友？比如自己还没说话，就已经知道他内心想法，或是无条件支持他，让他感到放松、可以吐露心声的朋友？然而他却回答，从出生到现在从来没有过，而且还反问我，可能有这样的人？

事实上，当我提出类似问题时，大多数人都会首先想到父母。因为父母，人们总是相信世界上有无条件的爱，相信世界上总会有爱我、认可我的人，并带着这种信念结交朋友。"朋友也会像父母一样宽容我的缺点和不足，给予我关心与爱护。"所以我们与他人相处时才不会感到不安。相反，当一个人"从未感受过无条件的爱与关心"，他就会极度缺乏安全感。刚才提到的患者，小时候父母就经常不在身边，即便在身边，也没有起到父母应该起的作用。给予孩子充分的爱与关心需要强大的能量，如果一开始就缺乏这种能量，或者因为各种各样的问题导致能量丧失，那么他们就不

第一章
不被认可也没关系

能给予子女足够的关爱。比如夫妻感情不和，或因身体、经济压力等原因导致情绪压抑，都会影响到孩子。我们可以把父母的关爱比喻成砖头，只有砖头坚固、粘得牢，才能盖出结实的房子。而缺乏爱的能量的父母，就像空心的砖头，不堪一击。

总而言之，在安定的成长环境里长大的孩子，没有必要做出一些故意吸引父母注意的异常举动，而在缺乏安全感的环境里长大的孩子，会不断寻找可以吸引父母注意力的行为并付诸行动。孩子是否得到足够的关爱和认可，会对他今后的人际关系产生深远的影响。当他对周围人产生足够的信任感时，就不会过于敏感和多疑了。

王子和咕噜姆

挑战珠峰的登山家们在遇到恶劣天气或是体力不支的情况时，会选择退回至大本营，等天气转好或身体状态恢复后再继续登山。对于我们每个人来说，**"大本营"就是相信这个世界上总会有一个人无条件爱自己的信念**。这个"大本营"虽然有时也会不理解你，会生气发火，但因为你们之间有着足够的信任，所以你们之间的关系不会轻易动摇。

被伤害的勇气

这里需要注意的是，**无条件的爱与信任必须是当事人自身感受到的**。如果父母自认为已经付出了足够多的爱，但子女本人并没有感受到，也是无济于事。此外，就算小时候无法得到父母的认可，也不要就此认为以后永远是这种状态。因为在我们的一生中，会遇到很多人愿意支持我、帮助我，比如亲戚、朋友、同事或老师。他们都是我们值得信赖的人，只不过你的起点和别人不同而已。就像刚才提到的"大本营"，如果大本营需要建在海拔2000米的地方，有的人会先坐车到1000米再开始爬，而有的人则需要从山脚下就开始爬。只是这种区别而已。

本能不会因时间和地点而改变。在家觉得饿，出门就不会饿吗？当然不会。进入学校，我们依然会渴望获得同学的认可。为了让同学们喜欢自己，我们会使出浑身解数，用开朗或酷酷的性格吸引同学的注意；为了让老师喜欢自己，会交出一份份满意的答卷，或是成为一个优秀的课代表；为了吸引异性朋友的目光，出门前会精心打扮一番。试问能有几个人可以拍着胸脯说"我完全是为了自己才努力学习的，我完全是为了自己才去结交朋友的"？为了获得父母和老师的称赞与关心、朋友们的认可与喜爱，我们的行动不可能做到百分之百的自由。事实上，在青少年时期，我们渴望得到

第一章
不被认可也没关系

朋友或他人的认可胜过得到父母的认可。韩国有句俗语说得好：没吃过的年糕总比吃过的年糕美味。被爸妈教训的孩子一边和同学打电话或发短信，一边说着父母的坏话，从而得到心里安慰，这简直是太平常的事了。

"爸妈说我是他们的掌上明珠，是最值得珍惜的人，这是真的吗？别人也是这么想的吗？"从离开家的那一天开始，之前的自信就开始受到一次次的挑战。当找到符合信念的证据时，就会很开心；当找到与信念冲突的证据时，心里不免难过。"我学习也不好，长得也不好看，朋友们都讨厌我。这和爸妈说的一点都不一样。"有时这些反面证据太过强烈，会使那些一直以来积攒起来的正能量整体产生动摇，陷入"本以为自己是一位神采奕奕的王子，没想到也许只是指环王里那个面目可憎的咕噜姆"的恐惧中。上大学或是进入社会，这种情况也许还会持续。我们无法不受周围人评价的影响。要想继续成为王子或公主，就要不断寻找并搜集有说服力的证据。

自尊心给我力量

三十五岁的B先生不但身材修长,外貌出众,而且工作能力颇佳,深受周围人的好评。但让人意外的是,他不但没怎么谈过恋爱,还对结婚这件事有着强烈的不安。在和B先生谈话的过程中,我知道了他恐惧恋爱和婚姻的原因:他心里一直有一个奇怪的想法,如果和一个人经常见面,她就会慢慢知道很多自己羞于让别人知道的弱点,进而就会讨厌他,所以在别人讨厌他之前,他必须先疏远对方。其实对B先生产生好感的异性不在少数,但都无济于事。我追问B先生:"你有哪些羞于让别人知道的弱点呢?"他却支支吾吾说不出个所以然。

第一章
不被认可也没关系

为了谦虚而放弃尊重自我的人们

经常获得别人的认可，相信自己有值得他人肯定的能力，这些都有助于"自我尊重感"的产生。自我尊重感是一种尊重自我、热爱自我的心理状态。在书店或图书馆里，和尊重自我有关的书籍总是占很大比重，韩国的父母也非常重视对子女在这方面的培养，在和子女的谈话中也经常谈论起这个话题。然而，指导父母如何培养出一个"懂得尊重自我的孩子"的各种书籍文章虽然不少，但似乎却没有一本教导大人如何尊重自我的书。要做到尊重自己，首先要有自己，有自我。**和环境压力相比，自我尊重才是成年人最需要重视的问题。**

在我们周围，有长相有能力却没学会如何尊重自己的人不在少数。为什么在别人看来已经具备所有优秀条件的人，会对自己的价值评价如此之低呢？原因并不好找。个人过去的经历或许是最主要的原因，但现在外部环境导致的压力也不可忽视。总之，现在的问题在于，即便周围所有人都在赞美他、鼓励他，他也不愿意抬高对自己的评价，一边想着"这怎么可能"，一边拒绝他人的好意。看到这种现象，心中不免产生"从小就要培养子女学会自我尊重是何等重要"

被伤害的勇气

的想法,但又转念一想,因为缺乏自尊感而感觉受到伤害,恰恰是我们长大进入社会后才体会到的。如果说自尊感是我的盾,那么敌人攻击得越猛烈,它才越能显示出自身的威力。这副盾不仅在学生时代,在职场和育儿等压力较大的成年时期都发挥着巨大的作用。

大部分成年人似乎对自尊感这个话题并不感兴趣。他们觉得太过抽象,甚至有些肉麻,羞于提起。众所周知,成年人更喜欢讨论那些具体的、可见的事情。比如"这份报告怎么写?""下个月孩子的教育费从哪儿出?"这种现实问题。如果你突然跟别人说"我最近正在努力提升自己的自尊感",对方也许会向你投来异样的目光。"你怎么了?什么时候变成哲学家了?"这种回复,可能再次对你的自尊感造成伤害。对自尊感的思考,现实中确实被厚厚的"一堵墙"所包围着。在成年人的世界里,自尊感这个话题似乎已经是过去完成时,不可逆了。

另一方面,在社会人的世界里,自尊感有时会被认为是"无根据的自信"或是"傲慢"。这是很多人担心的部分。因为人们不希望自己在别人眼中是一个骄傲自大或是轻狂的人。不论是演艺圈里的演员,还是职场白领,大家都生活在这个"谦虚是美德"的社会里,所以都在忙着"贬低"自

第一章
不被认可也没关系

己。可能大家觉得故意贬低自己和故意抬高自己相比要好些吧。在韩国、中国这类尊重儒家学说的国家，谦虚被当作是最大的美德。"我是一个特别卑贱的人"早已成为职场生活中的第一信条。很多中年人指责"现在的年轻人真没礼貌，连最基本的都不懂"也是出于这个原因。他们认为年轻人提出"我不那样认为，我想这样去做"的要求是一种狂妄自大的表现。这就造成了那些总是贬低自己、不愿意发表个人主张的人反而被认为是有能力的、值得被推崇的人。

但我们既不是孔子，也不是孟子，我们很难达到谦虚至极的境界。圣人君子式的生活在当今社会是行不通的。没有个人主见、不分是非对错、一味贬低自己的人，到最后可能发现自己真的成了一个无足轻重的人。即便得到朋友的赞美，自己也不会有一丝喜悦之情。想要成为谦虚的人，却慢慢丧失了自我，这是你想要的结果吗？我们的人生不是别人给予的，我们需要找回自我尊重感。

倒不如成为一个自恋的人

把握好自尊感的度并非易事。一方面要给人以谦逊的印象，另一方面又能适时抵挡住对方过分的攻击或指责，这对

被伤害的勇气

我们职场人来说似乎是不可能完成的任务。真的会有人能做到吗？

我的眼前突然出现了一个大大的水蜜桃，一个泛着诱人的粉红色、甜蜜多汁的水蜜桃。放进嘴里咬一口，汁水就立刻充满了整个口腔，刺激着味蕾。然而，如果我们狼吞虎咽，这儿咬一口，那儿咬一口，说不定会有糟糕的事情发生。别忘了，在桃子的正中间，还有一颗坚硬的桃核呢。那只桃子仿佛在说："我的身体可以全都给你，但是我的心绝不能被你吃掉。"因为忘记桃核的存在而伤到牙齿的人不在少数。外表看来柔软粉嫩、气味香甜的桃子里，却有着一颗不许任何人侵犯的、坚硬的桃核。**如果说桃子的果肉代表谦虚，那么桃核就是不许他人侵犯的、只属于自我的空间，就是自尊感，就是自我的中心。做到刚柔并济，才称得上是一个合格的职场人。**

可能有的读者会问："保护果肉的难道不应该是外面的壳吗？"事实上，自尊感是支撑自我的内在动力，它更像是水果的核，而学历、社会地位和名声才更像外壳。外壳是可以轻易剥下的，并不厚实，无法很好地保护自我。反而是嚼不动又吞不下的果核，才代表着一个人的自尊感，代表着"我是一个有价值的人"的自我认知。

第一章
不被认可也没关系

"自恋者（narcissist）"这个词大家一定不会陌生，它源于希腊神话中爱上自己水中倒影的那喀索斯（Narcissus），特指极度爱自己、只觉得自己最好、别人都不如他的一类人。然而在精神分析学中，很多自恋者内心隐藏的却是强烈的自卑感。他们一味地想保护好自己，从而渐渐披上了如铁甲般的"外壳"。用核桃来比喻他们再恰当不过了。用锤子敲开坚硬外壳，才能看到里面的核桃仁，这正如他们看似坚强的外表和内心。

在当今时代，从某种意义上来说，成为一个自恋者倒并不是一件坏事。因为现在的我们缺乏一种不允许他人攻击的缜密意识和集中精力在自我防御上的专注精神。自恋者们把所有的力量都放在了自我防御上，他们并不在乎别人对自己的评价。而大部分职场人士最关心的恰恰是别人如何看待自己，而忽视了对自我的保护。

既然这样，倒不如成为一颗"核桃"，至少自己心里是舒服的。努力成为一只桃子有难度的话，那就先变成核桃吧。我个人认为，如果能在世界范围内开展一场"让我们每个人都学会自恋吧！"的运动就好了。

味道甜美、口感柔软的桃子里,有一颗坚硬的桃核。

这是禁止他人进入的神圣领地。

我们每个人难道不也应该有这样一个坚强的内心吗?

自我尊重感就是我们每个人的"桃核"。

第一章
不被认可也没关系

成为世界中心的勇气

自尊,我生活的主人

外柔内刚是自尊感表现最为理想的一种状态。我们现在应该把注意力放在怎样变成"桃核"上来。虽然拥有甜美多汁的果肉也很重要,但坚硬的桃核才是我们最需要的。有人会一边感叹"我的桃核天生就软啊"、"我本来就没有桃核",边把责任推到"遗传因素"上来;还有的人会埋怨自己的父母没有从小培养他们的自尊感。然而,如果我们总把宿命论当成挡箭牌,那人们常说的自我提升或是自我开发还有什么意义呢?柔软的桃核完全可以通过后天的努力变得坚硬起来。

被伤害的勇气

"自尊"这两个字，顾名思义，是自我尊重的意思。我们可以把自尊的范围扩大，在"尊"的基础上增加"存"的含义，即自我存在。我认为这个含义对我们来说更为重要。存，即存在感。"我在这里呼吸，我是一个存在的生命"。为什么说自我存在更为重要呢？因为要想做到自我尊重，必须先认识到，我是作为一个人存在的。"一提起那个人就会有这种感觉"就是一种对他人存在感的认可。但我们要强调的，是**自我存在感**。

在与患者的交谈中，我经常提出的问题是："你的一天是怎样度过的？"通过这个问题，我可以了解到这个人的生活方式、工作时间和业余时间的比例、打发时间的方式等基本情况。我们不妨试着在一张白纸上画出每天的日程，就像小学生放假前交给学校的生活计划表一样。其实大部分职场人士画出的日程表都大同小异，无非是起床，吃早饭后去上班，下班后吃饭，洗漱后睡觉。家庭主妇也差不多，起床后送丈夫上班，送孩子上学，回家做家务，为丈夫做晚饭，哄孩子睡觉，整理家务。

因为大部分人都过着类似的生活，所以没有人觉得这样的生活哪里不对。然而我们应该注意的是，我们有没有抽出时间去思考自我，去反省自我。工作有时很累，有时有趣；

第一章
不被认可也没关系

有时忙,有时闲;有时注意力非常集中,有时精神涣散;买来的外卖有时很好吃,有时不忍下咽……这些喜怒哀乐、忙碌与悠闲的感受者,是"我"。我有怎样的想法,我在不同瞬间的不同感受,就是自我存在的体现。我们总是过度在意他人的视线,会自动开启"天线"去探知他人的看法,却总是忽略自己的想法与感受。

当我提问患者"你最近心情怎么样?"时,回答"我也说不好"或"没有什么特别的"的人不在少数。提问"最近有什么特别的想法吗?"也大都得到"没什么特别的"的回答。临床诊断为抑郁症的患者中,很多人并没有感觉到自己已经抑郁了,那些被各种压力折磨的上班族也经常不知不觉就度过了忙碌的一天。总之,不管多累,多孤单,"天线"也不会朝向自己这边。上班时要顾及同事和上司的目光,下班以后还要操心家里人的感受。好不容易闲下来,坐在沙发里看上一集电视剧,说的还是"这电视剧真有趣"。注意,主语是电视剧,第三人称,而不是用第一人称来表达"我看这部电视剧觉得很开心"。人们总是习惯用电视剧有趣不有趣来进行衡量,这表明关心的对象在外界,而不是自身。可是,认为电视剧有趣还是无趣的人,恰恰是我们自己。

在各种喜怒哀乐的情绪当中,"我"应该成为主角。我们从小生活在一个需要克制自己情感的社会中,所以不免认为自然地表达感情是一件不恰当的事。可是自然的情感怎么能压制得住呢?就算我们无法表达出来,但至少要在内心中去感知这些自然产生的各种情绪。当听到公司上司在诽谤自己时,要去感受"嗯,我现在正在生气";当来到海边,在躺椅上闭目养神时,要去感受"我现在内心很平静"。不是别人,是你自己的想法与感受。其实冥想就是这样一个过程。

现在再看看我们的日程表吧。你有真正属于自己的时间吗?有不受外界干扰、反省自身的时间吗?其实这里所说的反省自身并不需要兴师动众地腾出专门的时间。在家看电视、看书,甚至在玩游戏时,只要能够感受到自身的存在就行。不管是觉得有趣,还是感动,抑或是平静,要知道这些感受都是你自身感知到的,是你自己的真实感受,这就足够了。这就是有意义、有价值的时间。

没有自我的世界,就算是天堂也没有意义

随着被认可的经历越来越多,个人的自尊感也在过程中逐步形成。不论遇到怎样的攻击与伤害,都无法动摇我们坚

第一章
不被认可也没关系

定的内心。为了达到"自我尊重"的境界，首先需要经历"自我存在"的感知过程。最近有哪些想法，对哪些事情感兴趣，什么人让我感到难堪等，都需要我们静下心来认真想一想。把一直朝向外界的"天线"转向自己吧。与同事一起吃饭固然开心，但一个人吃饭时可以想些事情而不被打扰，不是也挺好吗？可惜很多人总是在意别人的眼光，琢磨"别人会怎么想我"，所以不敢一个人吃饭。

在为患者进行治疗时，我经常告诉他们要"成为一个自私的人"，"不要在乎别人的想法"。因为无法摆脱他人的视线，因为受到亲戚和朋友的影响而做出违背自己意愿的决定，这样的人不在少数。比如为了孩子而忍受家庭暴力的妈妈，或是因为家人反对不得不在不适合自己的公司里度日如年的上班族。有太多人的生活被他人左右着。当然，我要表达的并不是让那些受家暴的人马上离婚，或是让那些上班族马上辞掉不喜欢的工作，我也并不认为人生的所有重要决定都必须按照自己的意愿来做出。我们要做的，是要拥有一种能够做出客观决定的心态，即便这个决定是错误的也不会后悔的心态。现在很多人即便在非常艰难的情况下，也不会把自己放在第一位。可能之前从来没有过"首先想到自己"的经历，也可能就算有这种想法但碍于周遭人的视线而不得

被伤害的勇气

不把这种想法压制下去。体现朝鲜民族特有文化的精神疾病"郁火病"不就来源于完全不考虑自己、把生活重心全都放在别人身上的"媳妇文化"吗？现在不管是在职场还是在家庭，患上"郁火病"的人不在少数。

这个世界应该是以"我"为中心运转的，而且必须以我为中心。虽然在生活中要考虑到家人，在职场中要低调做人，但我们也不能忘记自我的存在。有了"我"，才会有家庭和职场。虽然地球少了我一个照样转，看似无足轻重，但不妨顺势这样想：反正每个人的最终命运都一样，为什么不能按自己的意愿过一生呢？我不是说让大家马上辞职去旅行，我是希望我们每个人都能学会不管在逆境还是在顺境中，都能以自己的想法和感觉为中心。不喜欢就说不喜欢，想吃什么就大声告诉同事，有什么意见就勇敢提出来，想一个人吃饭就一个人吃饭，想在咖啡厅看书、想晚上出去散步就大胆地去做。**好好体会按照自己的想法和感觉做事的感觉吧。这就是自尊。**

伽利略说过，地球不是以"我们"为中心旋转的，是以太阳为中心、以"他人"为中心旋转的。然而在现在这个时代，倒不如相信太阳是围绕地球旋转的，相信世界是以地球为中心、以我为中心旋转的。生活得自我一点也可以，少一

第一章
不被认可也没关系

丢丢善良也没关系。其实世界以什么为中心旋转有那么重要吗？没有必要百分之百地相信科学，我的"科学观"很简单，就是能把自己照顾好，让自己能安稳地生活。就算现在是太平盛世，如果连自我都不存在了，还有什么意义呢？就算世界是天堂，也没有任何意义。

下一章中我会讲到非难与指责。在详细讲述之前，我觉得有必要把自尊这个概念深深地扎根在每个读者心中，这样就算遇到多大的伤害，我们也能产生与之对抗的力量。我们无法要求别人怎样，我们唯一要做的就是坚定自己内心的想法。要想抵抗住对方的攻击，就要不断增强自尊的信念，同时掌握"敌人"的动向和想法。正所谓知己知彼百战不殆，战胜"敌人"的胜算有多大，"敌人"进攻我的理由是什么，"敌人"的武器有哪些，都需要我们一一了解清楚。

第二章

每个人都在　挨骂中生活

被伤害的勇气

"找骂"的人们

平日里沉默寡言的新员工B先生虽然能顺利地完成领导交办的工作任务,但在人际关系方面却存在诸多问题。同部门的同事很多比B先生年长,他们在一起聊天时,B先生总认为自己不便插嘴,所以即便围坐在一起吃饭,他也总是一言不发。时间长了,不免与同事疏远起来。同事热心向他建议,不妨敞开心扉,多参加公司组织的各项活动,但B先生却把这看作是同事对他的不满,"他们讨厌我才会这么说的吧","他们一定认为我是小心眼的人"。这样一想,B先生与同事间的距离就越来越远了。现在B先生已经发展到了不敢和别人主动说话,一说就结巴,甚至连上班都感到恐惧的程度。

第二章
每个人都在挨骂中生活

被指责的时间越长，就越难得到他人的信任

有对父母对孩子的管教非常严格。因为担心孩子听到赞美而自满，他们从来不主动表扬孩子。孩子考了个好成绩，他们也只是叮嘱他不要放松；孩子做了好事，他们觉得这是应该的，不会有任何肯定的表示。相反，当孩子做错了事，他们就会大发雷霆，每次都要把孩子训哭。时间长了，这个孩子听到别人的赞美会觉得浑身不自在，听到别人伤害自己的话反而觉得舒服。他人的称赞和鼓励都当作耳旁风，不好的话他才会听进去。很多在生活中过得并不如意的人，在学生时代大都有过被同学孤立的经历。研究表明，被孤立过的人总带有"我是不受欢迎的人"的自我认知。

职场中的人形形色色，可以说是一个小型社会。进入这个社会的每个人都有着不同的背景。有什么样的父母、学习如何、大学生活过得怎样、有没有服过兵役、以前公司里的表现，等等，都各不相同。个人的历史并非因为已经过去就变得毫无意义，相反，它像文身一样对每个人都产生了无法抹去的影响。什么时候感到幸福、什么时候感受到威胁、对什么人什么事感到失望、谁让我受到伤害，每个人的感受各不相同，这些有着不同经历的人们聚集到一起，进入同一家

公司，成为你的同事。这些个人历史原封不动地投影到现在的人际关系中，就像一面照向他人的镜子。心里的玻璃纸是红色，世界在我眼中就是红色；玻璃纸是蓝色，世界就是蓝色。同样，如果一个人在成长过程中，对他人一直抱有信任和爱，那么在现在的职场中，他对同事也会怀有相信和依赖的情感。如果一个人在被伤害和被指责的环境中长大，那么即便他人的话不带任何褒贬之意，在他听来也充满敌意。周围人都被他想象成了敌人，这就难免形成四面楚歌的局面。

在与那些因受到指责而痛苦不已的患者们面谈的过程中，我发现如何客观准确地把握患者的处境是非常重要的。站在患者的立场充分理解他的苦恼与痛苦是面谈的基础，然而，患者的处境真的值得同情，还是因为他本人戴了有色眼镜，曲解了他人的话语，而导致不必要的"被伤害"呢？作为一名心理咨询师，不论在任何时候都要给予患者足够的同情和鼓励，但正确判断患者"有色眼镜度数的深浅"才是至关重要的。这就要通过详细深入的谈话来完成。当然，做出客观的判断并非易事，有时还需要周围人的帮助。"我们不是那个意思，是他误会了"等类似说法也非常具有参考性。

正是因为个人成长史的影响，我们在指出患者问题并要求他改正的时候，总会感到有些力不从心。虽然在感知方面

第二章
每个人都在挨骂中生活

存在个体差异，但个人的想法很难轻易改变。在面谈的过程中，我就像一名侦探。如果情况属实，就要大胆出击，客观全面地了解情况；如果仔细询问后发现当事者错把别人的鼓励当成了指责，就要小心翼翼但又要有根有据地指出问题所在。"经过了解和分析，我认为他们说的话不全都是指责您的。"患者一般听了会首先表示同意，但内心却依然坚持自己的想法。"那分明就是冲我说的，可能每个人的理解方式不一样，但他们这么说肯定是不怀好意。"或者这次承认是自己误会了，下次遇到同样的情况，他还是会当成指责来看待，之前咨询时和他沟通的内容他全都想不起来了。被伤害的次数越多，就越容易用消极的、否定的眼光看待事物。这就形成了恶性循环。

个人历史越"根深蒂固"，对现在的自己影响就越大。从小就有被孤立、被伤害经历的人，和在相对有信任感的人际关系中长大，只在进入职场后才遇到指责与非难的人相比，前者解决问题的难度比后者要大得多。前者需要纠正多年来养成的观念上的错误，这是一个漫长的过程。而被伤害的时间并不长的人更容易沟通，他本人也能从比较客观的角度来思考问题。

这真的是指责吗？

了解了以上内容后，我们现在需要评估一下自己对指责与非难的反应。举例来说，有个同事建议你在各方面都能更活跃一些。刚听到这话时，你觉得是一种指责。但你不妨事后静下心来回忆一下当时的情景，比如同事的语气和表情，说话的语境、周围人的反应，以及自己当时的感觉。以前有没有类似的经历？现在和以前哪些地方相同哪些地方不同？虽然当时认为是指责，但会不会是因为误解？如果认定不是指责，那你有充足的证据吗？如果线索太多，不妨把这些证据一条条整理到纸面上。把想的内容写下来，会让你的回忆更加清晰，整理也更为全面。如果光靠自己的回忆还不够，还可以请求周围人的帮助。把自己担心的内容告诉周围可信赖的朋友，从而得到帮助，有什么不可以的呢？你可以这样问："情况是这样这样的，如果是你遇到同样的情况，你怎么理解对方的行为呢？"没必要害羞。确认在类似的情况下别人有什么感受也是很重要的。因为同样的话对我来说是指责，对别人来说可能不是。总之，我们自身对指责的感知能力会在反复确认的过程中得到提高。

对于这些努力，有的人会产生疑问。"会不会是自我保

第二章
每个人都在挨骂中生活

护意识太强了？""是不是为了证明指责没什么大不了的，完全没必要理会？" 针对这些疑问，我反驳的理由有二。第一，自我保护是人类的本能。这和看到虫子就会吓得躲开是一样的道理。当自身受到攻击时，本能地否认这一情况，也是出于生存的本能。因为没有人会希望被指责和攻击。"不是我的责任。其他人不帮我，他们也不对"这种试图自我保护的举动是再自然不过的了。这种行动不应被看作是过度的自我保护，而是一种本能的反应。第二，不是要证明指责没什么大不了，而是让大家学会分辨什么是指责，什么不是，这样才能更好地接受指责这件事。如果谁都认为是指责我却非要说"没事，没什么大不了的，赶紧忘了吧"，这才有问题。对于把意见建议当作指责的人，我们必须要纠正他的错误认知；对于肯定属于指责的情况，我们要帮助他寻找对策。所谓"知己知彼方能百战百胜"。彻底掌握敌人的虚实，而不是无视存在的敌人，才是我们要做的事。

通过理性分析和咨询旁人，我们下了结论——这百分百是指责。好，下一步就是分析对方为什么这么讨厌我了。

一旦开始害怕受到指责,即便对方动一动手指,
也会让你产生躲藏和防御的心理。
可你有没有想过,你真的了解对方的意图了吗?
会不会是自己想多了?
……

第二章
每个人都在挨骂中生活

没有人能得到所有人的喜爱

看上去总是阳光开朗、自信满满的C代理是个走到哪儿都很受欢迎的人。同事间的聚餐少不了他，也获得不少女性同事的青睐，是个制造气氛的高手。大家甚至认为"没有C代理的聚餐不能称为成功的聚餐"，可见在同事间的人气有多高。然而C代理的上司P部长却是一个性格内向的人。他总觉得C代理平时太爱折腾，又油嘴滑舌，一直对他不太满意，所以总会因为一点小事故意找C代理的茬。C代理心里也清楚P部长不太喜欢自己。一方面，C代理认为自己的性格其实还不错，但他也很苦恼这样的性格在一起共事的上司那里却成了减分项。最后C代理不得不来到诊所，提出了"希望改变自己性格"的要求。

做到完美就不会挨骂了吗？

我们每个人都希望成为一个完美的人。就算做不到完美，也会对自己提出这样或那样的要求，比如变得更加性、更幽默、工作能力更出众、运动能力更强、身材更好、外貌更漂亮，等等。虽然在被问到"你的理想伴侣"这个问题时，有时会回答"我不希望他太完美，有时候有点缺点反而更可爱"，但谁都不希望自己是个有缺点的人。读书、学英语、参加培训、去健身房锻炼……我们每个人都在追求完美的道路上前进着。

然而这个世界上真的存在完美的人吗？完美的标准是相对的，我认为的完美也许在别人眼中恰恰是不完美的。伟人传记中记载的无数伟大人物，在所有人看来都是百分之百的完美吗？A眼中洁身自好的书生，在B看来可能是一个不会妥协、性格死板的人；C眼中那个愿为朋友两肋插刀、充满爱心的人，在D看来也许是个对家人毫不关心、只对外人表现出热情的虚情假意之人。个人的特点在不同人眼中有着不同的定义，可能是优点，也可能是缺点。

精神健康医学中会用到一种评价咨询者状态的"综合心理测试（Full Psychological Test）"。可能有人在公司内部

第二章
每个人都在挨骂中生活

的心理测试中接触过。参与测试的人需要回答数百个客观性选择题,还有看图题和填空题等。通过各种综合测试对测试人进行总体评价,并给出最终检测报告。医生可以根据检测报告了解患者的问题,制定治疗计划。要知道,没有一份测试结果显示"这个人各方面都很优秀,是一个完美的人",反而会按不同项目逐条显示测试人的不足之处。擅长社交、极具绅士风度的人会被评价为"过分在意别人的意见,做任何事前都要先考虑别人的想法,不安感较强";性格内向、稳重的人,其检测结果会显示"有经常压抑内心愤怒的倾向"。说不定耶稣或菩萨参加测试,也会测出一些负面的内容吧。如果你很好奇,不妨也去测一测,但前提是你要能够宽容地接纳自身的不足。

由此看来,在这个世界,可以贴上"完美"标签的人很难找到。就算是一辆很酷的跑车或很美的手提包,也会有人挑出不好的地方,就更甭提用做人这件事来讨论完美了。然而如果我是一个完美的人,真的就能逃过指责与非难了吗?回想一下你周围亲戚朋友里最接近完美的那个人,我相信有很多人希望成为和他一样优秀的人,但也相信会有人嫉妒他,甚至希望他出点意外才开心。嫉妒是人的本能。历史上很多伟人身边都有一些无端嫉妒他的人,成为伟人前进路上的绊脚石。

  经过分析我们能得出大概的结论了。我的优点，在别人眼中也许是缺点。一个几乎完美的人也会受到周围人不同程度的伤害。这个世界上没有人能逃脱指责的"魔掌"。我的缺点可能成为别人指责我的理由，虽然这让我们觉得有些委屈。对于那些实际存在的性格缺陷，我们应该积极地付诸行动去改变，但就算我们没有明显的缺点，因为人的差异性的存在，我们也会不可避免地受到指责。指责就像我们每时每刻呼吸的空气，是普遍存在的。只要是人类聚集的地方，就会有指责。我很怀疑那些希望通过努力使自身趋于完美从而避免受到指责的人，究竟会不会看到他们期待的效果。

那些善于挖掘别人缺点的人

  每个人都有缺点。对一些人来说，我的某个不足可能无关紧要，但在另外一些人眼中，可能就变成了无法容忍的缺点。每个人对性格缺陷的接受能力不同，比如有的人特别不喜欢小心眼的人，有的人特别讨厌风风火火爱折腾的人。如果和我存在在同一生活半径的人发现我身上有他所不能容忍的缺点，从那时起，指责就不可避免了。如果对方是我的上

第二章
每个人都在挨骂中生活

司,可能会当面让我难堪;如果是我的同事,关于我的负面消息也许会通过他们的嘴传遍整个公司。这就好像柔道或摔跤比赛时,我们会集中力量攻击对手的受伤部位一样。

很多时候我们希望自己的缺点不被发现,并努力展现自己积极健康的一面,比如在认为自己能力不足的上司面前发表一次完美的演讲,或是为了摆脱内向孤僻的印象而尽心筹备一次聚餐,期待对方能产生"这个人跟我之前想象的不一样,原来我误会他了"的想法。当然在一定程度上,这种努力是需要的,但努力的结果会怎样呢?在和很多上班族交谈的过程中,我发现结果并不乐观。"我费了那么大劲,可那个人对我的看法一点都没变"是大部分人的反馈。不排除有些人经过不断的努力,终于改变了对方对自己的负面认识,有了完全不一样的未来,但这可能只占极小一部分。大多数人听到的反而是"就办好了这么一次,至于这么高兴吗"或"哎哟,真是费了不少心思"等挖苦和讽刺。对个人努力的全盘否定,会造成当事人强烈的挫败感和无所适从感。反复做和自己性格不相符的、非自愿的行动也会使自己的"正能量"进一步丧失。

为什么所有人都觉得我不好?为什么他们不认可我的努力?在那些讨厌我的人面前,我变得越来越渺小,内心

被伤害的勇气

充满委屈。可是越这样我们就越要深究一下其中的原因。最开始，对方只对我某些方面不太满意，但随着时间的推移，慢慢地从点到面，最后变成对我整个人都讨厌起来，甚至到了看到我的脸就烦的地步。如果问那个人为什么讨厌我，他可能会说出几条理由。但事实上，他讨厌你的原因很可能出于感性而非理性，并非因为他罗列出的那些理由。同样，我们也会有莫名其妙就讨厌一个人的经历。在与关系长期不和的夫妻面谈时，当问到"你为什么讨厌他"的时候，对方可能会说出诸如性格暴躁、酗酒、不讲卫生等各种各样的理由。但如果仔细深究，好像也没什么特别的原因，"不知为什么看到他吃饭的样子我都生气"。喜欢或讨厌某个人，最初可能存在一些理由，但时间长了，就进入了"反正就是喜欢""反正就是讨厌"的阶段。可能每个人都能说出几个这样的人吧。在"没有原因，就是很讨厌"我的人面前，我的任何行动都是惹人厌烦的。

很多人来到诊所要求改变自己的性格。令人遗憾的是，我们是医生，不是魔术师。**改变一个人的性格几乎是不可能的事。就算成功改变了性格，那些讨厌你的人就会自然而然地喜欢上你吗？**每次看到那些充满魅力的男女为了得到上司

第二章
每个人都在挨骂中生活

的喜爱而企图改变自己性格时,我都觉得他们很可怜。我理解你们的心情,但千万不要"为了一棵树而丢失了整个森林"啊。

被伤害的勇气

其实我也时常中伤别人

　　D代理喜欢在午饭后和同事一边喝咖啡一边聊天。他性格活泼开朗，一般都是他主导着聊天的气氛，话题的内容也基本围绕部门上司和同事展开。然而聊天往往在不太愉快的氛围下结束，原因在于D代理聊着聊着就会说出"那人居然做出那种事，真是太让人讨厌了，不是吗？"或"他问题出就出在这儿"等类似指责的话来。D代理不知从何时起也觉察出一起聊天的同事表情看上去有些不自然，好像都在担心"如果自己不在场，D代理也会这样说我吧"。每当这时D代理的心里都咯噔一下，非常后悔，然而说出去的话就像泼出去的水，再也收不回来了。最近他听说有的同事在别处议论他，甚至说出诋毁他的话。

第二章
每个人都在挨骂中生活

每个人都在议论别人，也在被别人议论

现在让我们从加害者的角度来思考一下指责这件事。从某种程度上来说，我们大部分人既是受害者，同时也是加害者。当然这个世界上肯定存在品德高尚的人，他既不轻易指责别人，也不被别人指责，但其余大部分人都在诋毁别人的同时忍受着他人的指责。就像前文提到的那样，在这个由各色人等构成的社会里，指责是不可避免的。别人指责我，或是我指责别人，都是非常自然的一件事。指责那些之前指责我的人是一种本能的行动，因为不管是谁都不会喜欢那些骂我们的人。但我想说的不是针锋相对、"互相开火"的指责，而是B在受到A指责的同时还公然去指责C的行为。这和俗语里说的"在钟路被打了一记耳光，却对汉江发火"不一样，那是指B受到A的指责后产生的怨气通过C发泄出来，三者间是有关联的。而我要阐述的情况需要将B受到A的指责和B指责C当成两个独立的事件来看待。

事实上大部分指责的形态也是如此。我指责金代理并不是因为朴部长骂了我，我生气才这么做。而且就算有人特别讨厌我，整天骂我，但在我不知道的情况下，我肯定不会对那个人发火，也不会故意找一个人当作我发火的对象。因此我讨厌并

被伤害的勇气

指责一个人的行为,和某个人指责我的行为,并没有直接的关系。所以我们才需要从加害者的角度来思考指责这件事。

我们大部分人都在一边指责别人一边被别人指责。当然也不排除存在单方面的加害者或受害者。或许你认为自己是单纯的受害者,可事实真的是这样吗?我并不是想表达"其实你也会指责别人,所以别人指责你有什么不行,也是你自作自受啊",而是只有我们站在加害者的角度思考,才有助于我们了解对方指责你的原因和动机。正是因为我们既是加害者也是受害者,所以才更需要这种"知己知彼"的思考方式。

我们讨厌一个人的原因可能非常琐碎,所以同样,不特定多数人也可能因为极其琐碎的原因而讨厌我。我讨厌一个人可能源于我对他的误解,所以某个人讨厌我的原因也可能是因为误会。人无完人,每个人都会有无数的缺点,这也间接地证明了必然会有人因此而讨厌我。如果我因为生活的不如意而产生愤怒,并把怒火发泄到了A的身上,那么一定也会有B因为某个无法克服的困难而心生怨气,把火发到我的身上。我受到指责,不应该只从我自己身上找原因。这样不但不会解决问题,还会进一步吞噬我的自尊感。我们需要考虑到指责我的一方存在哪些问题,站在加害者的立场思考,这样才有助于问题的解决。

"有向阳的地方就会有背阴的地方",
我们每个人都在遭到指责的同时也在指责着别人。
你并非是你想象中的"单方受害者"。

不必在意的指责

因为我们的不完美，我们无法躲避指责；也正是因为我们不完美，才会指责别人。如果我是一个拥有完美人格的人，那么即便我对某个人的行为不满意，也不会当面或背着他说闲话。而且不但不会说别人，反而会责怪自己心胸狭窄，并寻找造成这种心理的原因，进而努力喜欢上那个人，进一步提升自身的修养。然而，我们不是圣人君子，精神上不可能达到这种高度的自省。我们往往在"讨厌这个人"的阶段就停止不前了，很少能有人将对别人的憎恨当作自省的机会。因为我不完美，所以我会指责别人，同样别人也会因为他的不完美而指责我。因此，即便某个人非常严厉地指责你，你也不必被他"忽悠"了。不要百分之百地相信他指责你的话，也不要因为他说你很差劲你就真的以为自己很差劲。

不管对方是谁，只要他对你心存关爱，就不会用指责的方式让你痛苦。有缺点会亲切地指出来，有求于你会婉转地提出来，看你无精打采会适时地鼓励你。而指责会把人变成什么样子呢？会让你生气、绝望、孤独，甚至让你感觉自己是一个一无是处的人。试问有哪个人会把这些负面情绪抛给他珍惜的人？如果有人让我感受到了这些负面情绪，则说

第二章
每个人都在挨骂中生活

明他对我缺少起码的尊重与关爱。而出自这种人口中的那些"带刺"的话语，我们为什么要相信并因此而痛苦呢？越是对他人缺乏尊重的人，就越会大量使用负面的话语。爱且尊重孩子的父母为了不伤孩子的心，会谨慎地表达自己的意见。因为他们知道，对方痛苦，我就会痛苦。

同样，当我们想指责别人的时候，如果能多些尊重和关爱，也许就能避免指责的发生。站在对方的角度思考，了解对方的处境后，那些指责的话可能就说不出口了，也许反而会与对方一起寻找解决方法，变成拍拍对方肩膀、安慰对方的朋友。指责我的人，至少说明他是不尊重我的。因为他没有考虑到他说的这些话可能对我产生的不良后果，选择了用指责而不是诚恳建议的方式与我对话。那么既然他是这样的人，我们有什么必要把他说的话当回事呢？充满诚意的忠告和指责，是完全不同的。不会有人把"你真差劲"、"你无能"这种话当作是忠告吧？

我们不能因为别人讨厌我，就认定对方的人格不成熟。但如果对方让我感到自己是个一无是处、毫无价值的人，但他其实对我毫不关心，那这样的话有意义吗？我们还是相信那些爱我们、尊重我们的人说的话吧。当然这些人是不会轻易指责我的。

被伤害的勇气

不被伤害击倒的方法

入职三年的公司员工J最近下班后经常和同事去喝酒。不是喜欢喝，而是心情不好，因为其他部门的同事总是在公开场合与他故意过不去。他知道这其中有误会，也有以讹传讹的地方，但具体该怎样化解，他却没什么办法。一起喝酒的同事劝他不要往心里去，不必在意那些没有意义的话。如果J也是一名旁观者，他大概也会这样劝解别人，但作为当事者J，真的很难做到不往心里去。每次喝酒喝到酒劲儿上来的时候，J都会暗下决心，"以后那些闲言碎语我一律左耳朵进右耳朵出。"可是当第二天早上酒醒之后，昨天的那些苦恼又会卷土重来，让他怎么也开心不起来。

第二章
每个人都在挨骂中生活

良药苦口也苦心

很早以前，那些公知们就在不断地告诫大众，对于别人提出的忠告和指出的缺点要抱有感恩和接受的态度。那些只会夸我们，顺着我们的心思说话的朋友不是真正的朋友。为了提高自身的修养，身边必须有一个能监督你、随时指出你不足的人。这些话都在强调忠告的重要性，并且暗示我们要感谢那些指责我们的人，"感谢你指出我的不足，今后我会更加努力！"这种想法是不错，但在现实生活中却很难做到。试问有几个人能真正发自内心地感谢那些指责我们的人呢？有几个人能真正把那些忠告看作是个人发展的基石呢？

做出这些行为是需要有前提的。如前所述，指出别人不足的方式和方法很重要，不要成为"指责"，而应是"爱的忠告"或"客观评价"。试想如果有一个人对我说"你这样下去可不行啊"，就算他本意是好的，但听到这句话的我心情肯定不会好到哪儿去，这也是一般人的本能反应。"你凭什么跟我说这些？你自己活得很风光是吗？"都说身边有个能随时指出你不足的朋友是福气，但真正能做到既给出实用的忠告又不会伤害到对方的朋友却是凤毛麟角。从给出忠告的人的立场来说，有时也会犹豫到底要不要说出那些对方听

被伤害的勇气

了一定会不高兴的话来。比如看到闺蜜交了一个不靠谱的男朋友,要不要建议他们分手呢?像这种即便是关系很亲密的朋友说出的"爱的忠告"有时对方也很难接受,就更甭提接受一个不了解自己的人或是自己讨厌的人的指责了,这简直就是不可能完成的任务。

不管是诽谤还是忠告,首先我们要懂得辨别这些对我来说是负面的信息。先不要考虑得到这些消息的方式是多么的令人不愉快,也不要去猜测说出这些话的人是否出于关心的角度,我们要关注的是这些话的内容。我们需要知道,是不是自己真的做错了,对方对我的要求是什么,对方希望我做出哪些行动。如果把别人抛来的指责看作是一个地球,那么指责的内容就是地球的核,包围这个核的地幔或地壳就是对方指责我们时表现出来的情感,以及这种情感传递给我们的方式等附加因素。当面对指责时,我们常常会变得易怒。但让人意外的是,我们往往忽略问题的核心,而总是被地幔或地壳等附属因素惹恼。**我们需要把注意力放在指责的内容本身,最大程度用中立的角度和平和的心态来面对。**

认可、接受别人指出的不足并改正它,是最好的一种结果。认识到之前自己都没有发现的问题,"原来还可以从这个角度看问题啊",并以此发现其他类似的不足,从而不断

第二章
每个人都在挨骂中生活

完善自身。最理想的结果就是，接受别人的指责，改掉自身缺点，对方对你的改变很满意，你和对方成为朋友。当然这是最理想的状态，现实生活中实现的可能性有多高我并没有足够的把握，也不知道那些讨厌我的人会不会因为我接受了他的忠告而喜欢上我。凭借高尚的品德化敌为友的情形经常出现在小说或电影中，但理想与现实的差距往往是巨大的。

虚心地接受别人的指责并不是一件容易的事，只关注指责的内容本身也很难，接受的时候心情也必然是复杂的，对方也不一定因为我接受了就不再指责我。所以我们只能祈祷"应该接受"的忠告不要太多吧。

无视也需要力量

开导那些被指责所困扰的人时，我们最常说的一句话就是"别理他"。这大概比"接受吧"要常用得多。对方说出的指责的话也不可能收回去，况且他说的也不一定对，何必天天去琢磨这些让人不开心的事呢？可是当我们告诉别人不要放在心上时，不妨想象一下，当自己遇到同样情况，是否也能做到如自己所说的"一笑而过"？被马路上喝醉的人骂了几句，也许不会太过在意，但大部分情况并非如此。那些

被伤害的勇气

来医院咨询的患者早就试过了各种各样的"忽视法",最后还不是不堪忍受来找医生吗?

当一个人受到指责时,会产生各种情感。只要他不是受虐狂,就一定会产生负面情绪。被指责这把箭击中的人,大概会表现出以下几种反应:生气、激动、失望、挫败感、呼吸加快、颤抖等等。在各种复杂情绪交织在一起的时候,怎么可能做到一笑而过呢?在生气之前也许可能,但内心的小火苗已经燃烧起来后,很难马上"熄火"。用各种刺激的语言惹恼对方,就凭一句"别在意啊,我说这个也没有别的意思",他就真的能不生气了吗?倒不如放开了吵一架或动动手消气消得快。当人处于激动的状态下,很容易做出非理性的、不合情理的举动,怎么可能心平气和地无视呢?因为一时冲动而闯下大祸的人在我们身边还少吗?

无视这一情绪变形后的状态是"合理化"。"对方对我有所误会,而且我提供了产生这种误会的机会,所以他才会指责我,以后应该不会发生类似的情况了。"经过这样一番合理化的思考,才有可能做到无视。在刚刚受到指责时这种想法比较常见,然而当同样的指责反复出现时,这样的合理化思考就不起作用了。当尝试过各种各样合理化思考后依然无法避开那些指责与非难时,很多人不得不放弃了这种防御

第二章
每个人都在挨骂中生活

方法。

无视指责与非难，需要相当大的勇气与能量。这里所说的能量不是指营养学中的能量，而是一种精神的力量、内心的能量。

因遭受无端指责患上抑郁症的L，在经过一系列针对性的治疗后病情已大幅好转。有一次我俩聊天，才知道即便是现在，他也不时受到和以前一样的指责，唯一不同的是他现在不像以前那么在意了。我好奇地问他，是什么原因让他能够轻松忽略那些以前无法忍受的指责？他说他自己也不知道。他并没有努力让自己无视那些指责，也没有被催眠，但就是比以前心态好了，不那么计较了，生活也回到了正轨。

无视可不是说说那么简单。我讨厌的人对我做出过分的举动或说出过分的、激怒我的话，我还能无视他，这需要多么大的精神力量。这需要把内心所有复杂的情绪一一按捺下去，忽略那些刺激性的语言或行为，再进行一番合理化的思考。可惜的是那些受指责困扰的人大都缺少这种精神力量。事实上，我们必须拥有足够的能量才能抵挡住各种各样的指责与非难，才能防御住各种攻击。当能量不足时，很难做到无视。就像汽车没油需要马上加油一样，为那些缺乏能量的人注入能量是最重要的。比如能量值达到50才能做到无视指责，但你只有20，那就很难完成目标。一般来说至少要保证有70-80的能量储备，才能应付随时而来的指责。我们在为患者治疗的时候，也会用到类似的比喻，这对于增强他们战胜疾病的信心非常有帮助。

对于我们受到的指责，既很难全盘接受，也很难完全无视。我们有必要让那些饱受指责困扰的人们意识到，被指责这件事不是可以轻轻松松就能解决的问题。有时候在朋友身边静静地听他倾诉，要比说一些无意义的安慰的话，要有用得多。

第二章
每个人都在挨骂中生活

我没那么软弱

忍耐不是优点

正确认识接受或无视指责的行为固然重要，但了解现实中人们是如何看待指责这一问题的，又是如何来应对的，也非常重要。人们对于指责与非难是怎样想的，又是怎样解决的呢？

一般来说，"足够伤害到我的事"是人们对于指责的理解。前面我也说过，指责本身是无法避免的问题，实际上很多人把职场中的各种非难与指责看作是职场人的"必修课"。"如果上司对我很满意固然好，但如果上司讨厌我，还时不时地为难我，那也是没办法的事。职场生活不就是这

被伤害的勇气

样吗?"哪儿都有讨厌我的人,区别就在于是跟我同一个部门还是不同部门,是我的直属上司还是非直属上司。如果热衷于处处为难我的人正好是我的直属上司,那就太倒霉了。天天抬头不见低头见,只能在不安中度日。辞职的念头也不是没有,但一想到没有工作连温饱问题都没法解决,就总是下不了决心。

谈到非难与指责这个话题,听到的故事几乎都差不多。我们安慰别人的时候一般会说:"不是就你这样,大家都一样。问题是咱也不可能因为这个就辞职啊。忍忍再说吧。"自我安慰的时候则一般这么想:"以后等我升职加薪,在公司有了一定地位之后就会好了。暂时忍耐一下吧,大家也都是这么过来的。""和尚不喜欢这个庙还能换个庙念经,公司的工作可不是说辞就能辞的。我一个人饿肚子没关系,不能让全家人也跟着我一起饿肚子啊。想想家人,还是忍忍吧。这对自己也是个磨炼!我一定能坚持到底的!"靠着这些想法,大家熬过了一天又一天。

随着时代的变迁,就连军队里的等级制度都不再像以前那样森严,一些合理的变化正在悄然发生。职场里的气氛也在慢慢地发生着改变。新入职的员工不再像以前那样唯唯诺诺,也敢于自信地发表自己的见解。然而越是自我意识强的

第二章
每个人都在挨骂中生活

人，当在职场中遭遇自己从未经历过的指责与非难时，越容易心慌意乱，不知所措。反而是那些做好"在公司挨骂也要忍着"等各种心理准备的人，越能很快地适应。被人无端指责固然会觉得委屈，但老陷在这种自顾自怜的情绪里出不来，对你来说才是最大的损失，只会让你的意志更加消沉下去。要认识到这是无法避免的，也是每个人必须经历的，但最终是可以战胜的事。你也可以试试跟为难你的上司直接诉苦，但估计除了挨骂就是挨骂。"这就受不了了？你也太脆弱了吧！我们那会儿经历的比你经历的这些可严重多了！"一个成功的职场人不仅要工作能力强，办事效率高，也要具备强韧的心理素质，懂得忍耐和抵挡各式各样的攻击。

人们总认为患上抑郁症的人大都性格太过软弱，自杀的人更是软弱到了极点。对精神科的认识也很难改变。很多人在来精神科就诊前，都怕被打上"我不正常，我太软弱，我没出息"的烙印。"所以与其找别人解决我的问题，不如我自己来解决吧。其实都怪我自己太软弱，才会受不了这些打击，才会变得抑郁。我一定能解决所有的问题，我绝对不是软弱的人！我假装看不到听不到不就好了。"然而对于对方的攻击有多强，多不合情理，时间多漫长倒没有任何思考，只是一味地用一种近似于使命感的心理去忍耐。

被伤害的勇气

有一次我在跟一位饱受非难折磨的患者谈话时，对方一边流着眼泪一边说："为什么别人都能忍得了，就我不行。我怎么这么没出息啊！"这一刻，我突然觉得，患者无法忍受的也许不是他人的指责，而是自己的无能。

精神力量具有减压的作用

无所事事容易胡思乱想，所以很多人会有意找些事来做。为了缓解各式各样的压力，人们会选择各自不同的排解方法。越来越多的人认识到，压力是"无法躲避"的，但却"可以排解"。现在很多上班族就算工作再忙也尽量选择不加班，周末加班更是排斥。大家都意识到自己的时间是多么的宝贵。就算迫不得已需要加班，也不会像以前那样认为"加班是上班族的使命"了。

人们大都认为运动、旅行或培养各种兴趣爱好是有益身心的，认为喝酒是不好的，借酒消愁更是治标不治本。很多人认为，如果把喝酒当成排解指责困扰的方法，那就离酒精中毒不远了，是非常危险的。但其实摄取适量的酒精反而会有所帮助。当然我不赞成一个人躲在屋子里喝闷酒，我提倡的是和关系亲近的朋友们一起喝酒，在微醺的状态下，把平

第二章
每个人都在挨骂中生活

时想说不敢说的,对上司的不满一股脑地说出来,这种情感输出在心理医学领域被称为"情绪通风效果"(emotional ventilation),强烈的情绪宣泄行为本身就可能带来非常显著的治疗效果。也许这就是为什么虽然公司里开展"戒酒运动"但聚餐却未见减少的原因。在恰当的场合和适量的酒精摄取前提下,喝酒也可以成为排解压力的方法。

态度积极地去做一件事,从某种角度来看也是应对指责的对策之一。无视或忍耐属于思考层面的对策,而埋头专注于某件事则是行动上的实践。既然思考很久也不一定能有结论,反而会更加心烦,不如暂时收起杂念,想想可以做些什么。这是很多人推荐的方法,也是很多人非常乐于实践的方法。很多患者曾经问过我:"我做点什么事好呢?有没有特别适合我的?"其实这没有固定答案,只要选择能让自己高兴的事就好。

需要注意的是,实施排解压力的行动也需要能量。前面我提到了心理上的能量,但要想使身体真正行动起来,这本身就需要巨大的能量。因为防御攻击而将能量耗尽的人肯定无法付诸行动。很多患者说"我挺想运动的,但又觉得麻烦。我什么事都做不了。"如果医生听到患者这样说而训斥他,那么他一定不是一个合格的医生。其实,埋头专注于任何活动都只能让你暂时忘掉苦恼,当你闲下来时那个问题依然会摆在你的面前。**最重要的是,即使问题没有消失,只要你变得强大了,就不会再像以前那样觉得面前的问题是多么让人痛苦**。看问题的心境改变了,同样的问题也会显现出不同的严重程度。

第二章
每个人都在挨骂中生活

需要自信

职员P得知,最近几个月有几个同事总在背后说他的坏话。这是与P关系不错的另一位同事告诉他的。自打知道这件事以后,P开始惧怕与别人相处,甚至连和同事一起吃午饭也成为一种负担。时间越长,他对同事的疑心就越重,有时几个同事聚在一起说笑P也认为是在嘲笑他,同事们平常的聊天也被他误解为是在说自己的闲话。现在P觉得不仅认识他的人在说他坏话,不认识他的人也总在背后嘀咕他,干脆连门都不敢出了。

长期遭受指责的后果——抑郁和乏力

一朝被蛇咬,十年怕井绳。被白色的狗咬过一次后,看

被伤害的勇气

到白色的兔子都紧张。受到长时间的攻击后，你会不知不觉把那些和你没什么关系的人也变成了你的敌人，甚至会"好心当成驴肝肺"，误解别人的好意。如果到了这个地步，说明病情已经很严重了。

虽然最初只受到少数人的攻击，但被害者会预感到今后可能会有越来越多的人指责他。"那个人肯定在到处散播我的谣言，也许用不了多久就尽人皆知了。会不会连以前跟我关系好的朋友也开始讨厌我了呢？"长时间的攻击会使一个人的自尊感大大降低。以前认为"你凭什么诽谤我？我不接受！"的人在受到长时间的诽谤后，自尊感已经降到了极点，会转而认为"我确实是一个值得被诽谤的人"。结果就是，他甚至认同了他人对自己的谩骂与诽谤，同时认为自己没有任何价值，最后自暴自弃。

当被害者认为自己周围所有人都在攻击他时，他会丧失对所有人的信任，陷入"不能相信任何人"的状态。一般来说，到达这种状态后会有两种表现，一种是感受到强烈的不安而惧怕做任何事，比如前文提到的P。他认为并坚信世界上所有人都在与他过不去，而在这种状态下，他无法想出任何对策来改变这种情况。束手无策的他面对他人时，会表现出害怕、不安和恐惧等情绪。关起房门锁上锁，断绝和外界的

第二章
每个人都在挨骂中生活

联系，是一个感到恐惧的人的必然反应。在这种情况下，抑郁必然伴随着不安，只要不安情绪存在，孤立的生活状态就会一直持续下去。

另一种表现则相对积极。当感到所有人都不可信，所有人都是敌人时，相对于不安，有的人更多感到的是愤怒。"你也想像别人那样恶语中伤我是吗？你也想背后给我来一刀是吗？"他会把愤怒发泄到周围人身上。这种人属于偏执型（paranoid）人群。偏执倾向属于性格层面上的问题，有的人从一出生就带有这种倾向。当这种倾向发展到一定阶段成为病症时，就成了心理医学上所说的偏执型人格障碍（paranoid personality disorder）。除天生因素外，反复遭受指责与诽谤的人为了保护自己，会逐渐显现出偏执倾向。这种类型的人会首先怀疑对方并提前做好被攻击的准备。你周围是不是也有偏执倾向的上司或同事？如果有，那他一定是一个相处起来非常累心的人。

对周围所有的一切感到恐惧并将自己孤立起来的人除了表现出带有偏执倾向的愤怒等行为外，还会在信任感方面产生问题。他会不相信别人，也无法接受别人对自己的信任。可是在职场生活中，信任感是多么重要啊。每个人都愿意和值得信任的人一起工作，相互信任的人之间才能进行良好的沟通，才能相互理解，才能进行正常的情感交流。不管是夫妻之间还是朋友之间，人际关系的根本就是信任。如果信任这个根基产生了动摇，职场生活必然危机四伏。

当这种不安和不信任发展到极端的状态时，会产生一系列严重的后果。比如患上偏执型人格障碍、受迫害妄想症，严重者甚至会产生幻听，总感觉有人在骂他。这种严重的精神疾病无法通过个人力量治愈，必须到医院接受治疗。

在深度抑郁"浇灭"生的渴望之前

饱受非难困扰的人来到医院大都是因为抑郁症。有的人知道自己得了抑郁症，有的人却不知道。患者在描述自己的症状时，只会说觉得压力大，睡眠不好，并要求大夫开些药。相对于情绪方面的问题，身体不适的情况更加突出。

饱受指责困扰的R次长最开始去的是社区医院。医生询问病情时，R次长的回答是"睡不着觉、没胃口、有时候会突然心跳加速，但自己测了血压，一切正常。偶尔会消化不良，最近因为吃饭没胃口一个月瘦了差不多两公斤"。听了这些描述，医生提出了怀疑是抑郁症的想法，

害怕别人在我背后指指点点，这种想法再正常不过了。但我们不能让这种恐惧发展到不相信任何人的地步。我们应该让内心强大起来。

被伤害的勇气

没想到R次长听后大吃一惊。"并没有感到情绪有多么低落，只是睡眠不好来医院看看大夫，怎么会被诊断为抑郁症呢？"

很多抑郁症患者都有过类似的经历。觉得肠胃不舒服去内科看大夫，经过一系列胃肠镜检查后诊断为神经性胃炎，吃药了事；觉得心动过速去看病，大夫会告诉你血压没什么问题。然而因为心理原因导致的压力和抑郁会在人体内"四处游荡"，引发各种各样的问题。现在仍有很多人因"压力导致身体出现异常"而辗转医院各个科室之间。当然也有很多人不情愿地来到精神科就诊。人体是一个有机连接的整体，不明原因的身体异常症状其实很多都是由于心理上的抑郁和不安引起的，也就是心病会通过身体这个载体反映出来。这种产生身体症状的现象在心理医学上称为躯体化症状（somatization），当躯体化症状严重时，必须要到精神科就诊。

其实很多人在产生躯体化症状之前，已经感觉到了情绪上出现的问题。自己回想症状的时候，也会警觉其实患上抑郁症已经有一段时间了。突然流泪、失眠，为了治疗失眠去喝酒，酒喝到一定程度后产生酒精依赖，动不动就发火等

第二章
每个人都在挨骂中生活

等。他周围的人也会感受到他的各种变化。比如原来下班后不管多累也会陪孩子玩儿一会儿的人，现在经常因为一点小事就跟孩子发火。这些都是以前从未有过的行为。当一个人认为周围人都在与他作对时，即便是陌生人的一个眼神也会让他惊恐不安。

抑郁症严重时会让人产生自虐或自杀的冲动。这是最极端的一种后果。因为指责与谩骂而感到身心俱疲时，可以选择辞职的方法来暂时解决问题，而患有抑郁症的人只会感到绝望，想不出其他的解决办法。绝望到极点后就会产生自杀的念头。患有严重抑郁症的人，其判断能力会大幅下降，很难找到健康的解决方法。当没有对策、失去希望时，会不由得认为"只有我消失了问题才会解决吧"。在自杀越来越频发的现代社会，人际关系问题成为威胁职场人士生命的最直接原因。

因饱受非难而引起心理疾病的患者来医院就诊时，大都产生过相同的疑问：我可以接受治疗，但我遇到的问题没有发生变化，我的状态会好起来吗？意思就是：只有那些和我作对的人消失，问题才会解决，光给我治疗有什么用？说的也对。治疗无法改变患者所处的环境，医生也不可能去患者的公司，和那些诽谤你的人一一面谈、劝说，但不管环境是否发生改变，抑郁症这种疾病是必须接受治疗的，必须按照疾病来处理。治疗的目的是为患者"补充能量"，让他用不断强大的内心来对抗各种压力与诽谤。我们不妨把治疗看作是"充电"、"加油"的一种手段。

第三章

别把受伤　当回事

不依赖的练习

当初有人和我不和

非难属于他人对我产生的负面反应,而且是负面反应中负面情绪比较严重的一种。它是从诋毁我、伤害我、不认可我的存在的状态中产生的没有人情味的反应。不管是谁,在遇到否定评价和负面反应时都会感到手足无措。先抛开程度严重与否不说,首先当我们遇到这种情况时需要保持怎样的心态呢?就算不是非难,当遇到我们不喜欢的人时,应该用什么态度来对待呢?

每个人都希望给他人留下好印象。因为使对方产生好感怎么看都不是一件坏事。也许你因此能比别人更早升职,也

第三章
别把受伤当回事

许你的考核成绩要比别人优秀。所谓好事传千里，大家都在传颂你的优秀事迹，那些不认识你的人由此也对你产生好感，这是多么幸福的一件事啊。所以每个人都希望成为"社交型"人才。即便是那些安静内向性格的人为了不伤害他人的感情，也会处处小心行事。可就算我们选择人人都喜欢的方式来待人处事，就算再小心谨慎，该讨厌你的人还是会讨厌你。当得知自己的努力付诸东流，依然有不喜欢自己的人存在时，心情肯定是失落的。接下来可能会试图了解对方讨厌自己的原因，并尽力表现得更优秀，以期待对方回心转意。知道有人讨厌自己，这时的心情一定不怎么样，自尊感也会大大降低。为了找回自尊感，摆脱不安的情绪，我们会试图让双方的关系回到正常的轨道，但这并不是一件简单的事。而当这种努力失败，不安和焦躁的心情反而会进一步加剧。

你要知道，**总有人会不喜欢你**。就算你多努力，也无法阻挡对方讨厌你的那颗心。就像看电视节目时遇到自己不喜欢的明星就会马上换台一样，不管有没有原因，肯定会有人开始就和你不对付。我们对自己讨厌的人没什么过多的想法，但偏偏对讨厌我们的人很执着，总想知道对方是怎么想的。我们会天真地认为，只要自己付出努力，对方就一定会

被伤害的勇气

回心转意。虽然有时候心里也会承认"他是不会改变的"这一事实，但行动上却相反，依然在努力讨对方喜欢。前文所说的能量就在这一过程中慢慢消耗殆尽了。

　　生老病死人之常情，但实际上很多人心理上都无法接受这一事实，所以会对衰老与疾病产生恐惧的心理。人与人之间的问题也是如此。你不可能让所有人喜欢你。就算你再努力也会有人讨厌你。这是无法回避的现实。有时对待某些问题，与其否定，不如接受，接受后心态反而会平静下来。比如那些身有残疾的人，如果整日唉声叹气，总是琢磨"为什么偏偏是我"，或者动不动就发脾气，这样做对他的病丝毫没有帮助。倒不如接受身体已经残疾的现实，思考今后该怎样更好地生活。当做到这些时，他的心情必定会慢慢好起来。

　　试图解决那些无法解决的问题时，最智慧的方法就是接受、接纳它。研究死亡学的著名学者伊丽莎白·库伯勒·罗斯的理论中最有名的就是"悲伤的五个阶段"。

　　罗斯将"悲伤"分为五个阶段，即否定、愤怒、讨价还价、沮丧和接受。我们在弥留之际或者面临巨大损失时，会经历这明显的五个阶段。当得知自己将要面对死亡这个事实时，首先会感到无法接受，即否定。之后会愤怒，接着试图

第三章
别把受伤当回事

交涉，继而陷入消沉与绝望，最后不得不承认无能为力，只好接受事实。

然而仔细想想，这种心理过程不仅仅发生在濒临死亡之时。当知道有人讨厌我时，我们的第一反应是什么？可能与面对死亡时的反应差不多吧。经历最初的否定和愤怒，之后的交涉与沮丧后，最后一个重要的阶段就是"接受"。死亡就在眼前，想跑也跑不了，当你认可并接受这个事实的时候，才能摆脱恐怖与痛苦。所以我们也要接受"讨厌你的人总会存在"这个和死亡一样的现实，这样才能得到释然。

死亡，对一个人来说可以算得上是程度最为严重的"压力"。人们为了保护自己，最终会走向接纳这条道路。可能有人会说"存在讨厌我的人"和死亡怎么能相提并论，但它们是有共同点的，即它们都是无法避免的事实，所以我们也要努力尝试去接受它。在这里，我特别想对那些刚进入职场的年轻人说："讨厌你的人迟早会出现。请做好这样的心理准备，去接受它吧。"

不被所有人喜欢的自由

好吧，我决定接受对方讨厌我这件事了。我不可能让所

被伤害的勇气

有人都满意,讨厌我的人总会出现。可即便这样我也生气,因为我不该被别人骂。知道有人讨厌我,心情一定不好,有时甚至会很沮丧。这种发自内心的愤怒或悲伤的情绪很难控制,就算我再怎么努力尝试接受事实,负面情绪依然会出现。我该怎么办呢?

是的。理想与现实存在差距。虽然我愿意接受别人讨厌我这个事实,但由此产生的情绪却无法理想化地得到控制。事实上,让我们真正感到痛苦的,很大程度上是因为这些情绪的出现。所以就算内心做好了接受的准备,痛苦依然持续。大脑得到了控制,但身体依然处于极度的混乱之中。

现在就需要我们发挥接受的"美德"了。在遭受非难的过程中产生的各种情绪是所有人都会感受到的,是非常自然的。就像你接受了非难这一事实一样,我们也要接受这些情绪的存在。比如有人故意中伤你,你非常生气,这时不妨在心里对自己说:"是的,我正在生气。这很正常。我感受到了我现在正在生气。"然后自然地接受这种情绪就好了。有时试图控制情绪反而会带来反效果。压抑愤怒会导致更大愤怒的爆发,从这里压下去,说不定会成倍地从别的地方表现出来。客观存在的事实就应该学会去接受。解决感情问题的方法并不多,与其绞尽脑汁地想"消灭它",不如尝试去接

第三章
别把受伤当回事

受它,这才是从负面情绪中尽快摆脱出来的最佳方法。

如果我们预先从内心接受了"总有人会用有色眼镜看你"这个事实,那么当在现实生活中真正遇到时,负面情绪的表现程度会轻得多。如果之前一直处于以为所有人都喜欢我的状态,一旦知道有人讨厌我,对内心的冲击是巨大的,比事先做好心理准备的反应要强烈得多。因此,是否能很好地应对各种非难,实际上取决于能否处理好在遭受非难后产生的各种负面情绪。人之所以感到痛苦,并不是因为有人讨厌我这个事实,而是因为得知事实后出现的各种情绪。得抑郁症的人并非因为他遇到了让他抑郁的事,而是因为他总是用抑郁的、负面的态度去对待各种事情。

最后我再啰嗦一句。**不可能所有人都喜欢你,你不可能让所有人百分之百地满意。**但千万不要把这句话理解成"所有人都讨厌我"。我只是强调"部分可能性",而不是全部,这点大家一定要懂得区分。

被伤害的勇气

不必羡慕别人朋友多

J代理是他所在部门的"娱乐部长"。虽然年纪不大，但幽默开朗的性格使他成了每次聚会必不可少的"大明星"，受欢迎程度之高超乎想象，甚至到了有人因为聚会缺了J就拒绝出席的地步。不光是聚会，哪个饭馆好，哪里适合约会，去哪儿旅游风景好人又少，他全知道。很多部门同事必须事先咨询J代理后才出去约会或旅行。J代理俨然成了部门的"香饽饽"。他的"事迹"还传到了其他部门，现在很多部门长都在绞尽脑汁，试图把J代理挖到自己部门。大家都很羡慕J代理，也愿意和他交朋友。

第三章
别把受伤当回事

非难这把箭谁都躲不开

谈到非难,很难不提到演艺圈,其实不光是演艺明星,还包括政治家、运动员等大家所熟知的公众人物。像我们这种平凡的老百姓,大概也就几百人认识我们,而算得上公众人物的,至少得有几百万人知道他。可以试着在网上搜索一下他们的名字,看看搜出来的新闻和新闻下面的评论。试问能有几个人的评论全是赞扬和表示支持的?即便是为人谦虚、作品优秀、私生活严谨、几乎没什么缺点的公众人物,也很容易找到对其恶意的评论。他们又到底做错了什么,为什么要受到这样的辱骂呢?

没做错什么的人都会被这样对待,就更甭提那些确实做错事的人了。大众的反应更是强烈。比如酒驾、赌博、吸毒,甚至离婚这种私事,出了哪个事不是被公众骂得狗血淋头?还有各种诅咒,真是惨不忍睹,就差给他们挂上"株连九族"的牌子拉出去砍头了。当然,我说这些并不是想说"他们是错了,但也不用骂这么狠吧?"来为他们辩护。做错了事当然要受到指责,这是毋容置疑的。我想知道的是,受到如此猛烈攻击的艺人或其他公众人物,该怎样去面对那些"血淋淋"的指责与诅咒呢?他不认识的人都想把他杀

被伤害的勇气

死,而且不是一两个人,是几千几万个人,他该如何承受?从某种角度来看,他们才是解决指责与非难问题方面真正的专家。我有时甚至想把那些受攻击的艺人请过来,问问他们到底是如何在这种环境下正常生活的。

我并不是想让大家跟艺人学习如何应对指责,而是想让大家认识到这些公众人物受到指责的程度有多深。打开电脑随便浏览一些网页,就能看到关于著名运动员、主持人或歌手等公众人物的各种流言蜚语、谩骂和指责。当然每个人受到指责的程度不大一样。有的人正面评价与负面评价的比例是7∶3,有的人可能是9∶1或9.5∶0.5,支持一方呈压倒性优势。然而就算被绝大多数人喜爱和支持的人,也无法摆脱恶意评论。这与实力或性格完全无关。他们暴露在大众的视野下,在受到大家的关心与爱护的同时,必然也会受到批评与指责。

前文中提到的那位人缘极好的J代理,肯定也无法避开指责的"冷箭"。艺人等公众人物获得超高人气这不假,但他们被诽谤、被指责的机率也比我们普通人要高得多。所以大家不用太羡慕他们。非要把自己与他人作比较,结果发现又平添了一份嫉妒或沮丧的情绪,这又何苦呢?

第三章
别把受伤当回事

人际关系的范围与受到指责的指数成正比

"我军"队伍越壮大,遇到的"敌军"也会越多。在人际关系交往中,逐渐增加的人脉并非只有"我军"没有"敌军"。试图拓展人脉之前需要明确一点,那就是**喜欢你的人和讨厌你的人是成比例增加的**。如果你不能接受"敌军"越来越多,倒不如保持现有的人际交往圈子,反而不会有太多压力。

我们在与他人交往时,很难做到像变色龙一样,随时根据不同的对象,改变自身的"属性"。每个人都有自己独特的个性,这不是一朝一夕形成的,所以也很难在朝夕间,甚至在不同环境下,马上就能做出改变。黄颜色到了哪儿都是黄颜色,黑色也总会是黑色。性格开朗的人,总会在别人眼中呈现出开朗的一面;而性格傲慢的人,不管在老人,还是在小孩子面前,都会露出高傲的神情。开朗的性格让人羡慕,傲慢在一些人眼中也许是自信心强的表现,这两种性格都会遇到能接受它的人。然而随着人际交往范围的不断扩大,你会遇到形形色色的人,可能他们会觉得性格开朗的人看上去大大咧咧,不够严谨,而性格傲慢的人则狂妄无礼,缺乏教养。就算有些人能做到像变色龙一样,根据不同的对象和环境，改变自身去迎合对方，但也会得到"搞不懂他到底是什么样的人"或是"不知道为什么就是对他缺乏信任感"的否定评价。

如果明确了以上情况后依然决心成为一个人脉广的人，那就要把注意力放在"我军"和"敌军"数量的增长上了。你最好不要对"敌军"的数量太过计较。假设一个普通人一般有5个关系亲近的朋友，而我有三四十个，那么对于普通人来说可能只有一两个人讨厌他，而讨厌我的人也许会达到10个。关注的点不同，心情也会截然不同。身处演艺圈的艺人们想必感触最深。歌手或是演员一旦蹿红成为所谓的"韩流"明星，粉丝数量就会急剧上升，当然，讨厌他的人也会相应地增加。可即便这样，我们也没听说过哪个"韩流"明星因为这个原因就退出演艺圈了，或是为了躲避非难与指责而缩小活动范围。他们只会把关注的重点放在"喜欢我的人越来越多"上，而不是琢磨"讨厌我的人到底有多少"上。过分关注负面新闻只会让自己的心情更糟糕。事实上很多艺人都不上网，不是不会，而是故意不上。

我注意到一个现象，那就是原本亲朋好友多、人脉颇广的人会随着时间的流逝慢慢缩小自己的社交圈子。我觉得有些可惜，也好奇这其中的原因。不过我发现当事者却对现在

第三章
别把受伤当回事

的状态非常满意,他说:"朋友多固然有好的一面,但我也因此受到了不少不必要的伤害。我现在不想再受到伤害了,我只想和我信任和信任我的那部分人和睦相处。朋友的数量和是否幸福没有直接的关系。"确实,很多人为了不再受到伤害而有意缩小自己的社交圈。

如果你希望"通过努力成为更有魅力的人,从而摆脱他人的非难与指责",那么我有必要提醒你注意这一点。你的魅力值增加,喜欢你的人当然也会增加,但讨厌你的人并不会因此而消失,反而也会相应地增加。所以,如果你不能接受有讨厌你的人存在,就别刻意地扩大自己的社交圈了。

谁都有"敌军"和"我军",你不可能让所有人都喜欢你。反正不管你做的是好是坏,总会有人讨厌你,倒不如先把这些人放在一边,把注意力转向如何与喜欢你的人相处上来吧。至于"我军"的数量,我们要重质不重量,知心朋友有几个就够了,如果有很多当然更好,如果没有就试着积极地去寻找。把喜欢你的人和讨厌你的人放在天平的两边,一定要保证喜欢你的人那边更"重"哦!要知道,好感可以化解很多指责与非难。

被伤害的勇气

眼力见儿100段位的人，真的好累

　　H代理对处世之道颇有研究，堪称大家。他似乎能迎合所有人的胃口，特别是和上司们在一起的时候，简直太有眼力见儿了。比如，他发现部长最近心情不好，经常发火，就会在聚餐时有意坐在部长身边，听部长发牢骚，给部长宽心。如果换作别人，肯定巴不得离部长坐的远些，H代理却正相反，反而越凑越近。再比如，他能敏锐地发觉谁对他有所不满，并在第一时间向对方展现出自己友善的一面，帮对方买咖啡或是买午餐。时间长了，H代理获得了各种正面的评价，"真是太厉害了"，"以后肯定能成就一番事业"，"从没见过这么机灵的人"。

第三章
别把受伤当回事

有一种压力叫为人处世

有的人天生具有绝佳的察言观色能力，仿佛头上支着一根用黄金做的天线，随时向四周寻找目标。别人在想什么，现在的心情如何，他都能了如指掌。特别是当遇到和自己相关的人时，探知的能力会增强两至三倍。因此当他发现有人对自己不满或略有微词时，就能提前做好防御的准备。这种人的神经非常敏锐，通过他人的表情或语气就能猜个八九不离十。

这也许是之前积累的生存本能的一种表现形式吧。为了躲避他人的攻击，必须随时睁大双眼。虽然也有为了讨好别人的成分在，但大部分原因还是为了防止他人的攻击。他们必须把他人的不良企图扼杀在萌芽之中，甚至连根拔除，心里才会踏实。因此，为了找到这些不怀好意的"萌芽"或"根须"，他们头上的"天线"就必须尽量伸得远些再远些，信号也要增强再增强。这和我之前提到的扩大社交圈存在一定的区别。试图认识更多的人，扩大交友圈，本身带有希望与对方亲近的因素，而眼力见儿100分的人则相反，他们不是为了和别人走得更近，而是为了不挨骂。如果用运动员的类型来区分他们的话，前者是攻击型，后者则是防守型。

被伤害的勇气

会察言观色的人又可以划分为两类。一类是出人头地指向型。和他们关系不是特别亲密的人，比如上司或其他部门的人，大都会觉得他们很不错，因为他们凡事小心谨慎，注意不给别人添麻烦，而且还特别会说话，专拣别人爱听的说，让对方产生被关心、被关注的感觉。能从普通同事身上感受到类似亲人的关心，当然会自然而然地对他产生好感。有时候上司会特别关照某位下属，这种情况你也遇到过吧？相反，与之关系较近的人反而会给予他不同的评价，比如"不知道为什么觉得他心眼特别多"，或是"他真会打算盘"。另外一种类型则与出人头地无关，这类人在所有人面前都试图展现自己最好的一面。和前一类人相比，他们不会给别人留下"会算计"或"狡猾"的印象，但对谁都笑脸相迎、从来不生气不发火的表现，也不免让周围人产生疑问，"他到底有没有感情啊？怎么可能一点情绪都没有呢？"

不管属于哪一类，善于察言观色的人其实经常处于一种紧张和不安的状态中，因为他们无时无刻不在寻找那些不知何时何地就会露出来的"恶的萌芽"。别人会怎么看我、这种情况应该如何巧妙地应对、他的话有没有别的意思等等，也都要考虑清楚。另外，为了言行举止得体，给所有人留下个好印象，有时连生气都不敢，只能把怒火藏在心里，脸上

第三章
别把受伤当回事

依然露出微笑,这个过程是非常消耗能量的。有时在和这种人聊天时,提到"当时那个事件周围人是怎么想的?",他们会马上将周围人的反应和当时的气氛描述得一清二楚。而当我问他:"当时你是什么感觉?"时,他们却经常答不出。就算是应该生气的状况,他们也会回答"我没生气"或是"我没觉得应该生气"。

因此,当这类人得知有人讨厌他们或在背后说他们坏话时,受到的伤害是成倍增加的,并且会陷入极度的混乱。他们认为不可能发生的事竟然发生了,这种意料之外的状况会让他们立刻陷入惊慌之中,但他们不会生气,因为他们已经掌控不了自己的情绪了。这类人非常容易得抑郁症。

在体育比赛中,做好防御也非常不容易。把所有注意力都放在别人身上本身就很耗费精力,可这种做法并不能起到躲避伤害的作用。这类人的人际交往原则不是"想和你亲近",而是"你别伤害我",所以在和他们进行情感交流时,我们常常无法获得足够的安全感和信任感,因为我们总感觉自己处于一种被打探的状态之中。

为了把受伤害的可能扼杀在萌芽之中，
他们总是手拿探测器。
然而竖起的触角并不能阻止他人的攻击。
不要总想着怎样才能不受到伤害，重要的是人际关系本身。

第三章
别把受伤当回事

不想受到伤害却因此受到更大伤害

有些人抱有这样的想法：之所以有人不喜欢我，是因为我平时对他人的想法或心情关注得不够，总想着自己，没有考虑到别人的感受，如果我能细心地观察、猜测他人的心理状态，就能采取恰当的行动，从而避免他人对我的误解或攻击。

从某种角度上来说，这种想法也没错。将部分"天线"的触角转向外部，对创造良好的人际关系是有帮助的，这也是我们应该做的。然而只要多关注他人就能避免伤害了吗？拓展人脉本就不是一件容易的事，成为察言观色的高手就更是难上加难，因为你需要关心你周围的所有人，给他们留下好印象。再加上本就是以躲避伤害为目的的交往，使你无法享受到正常的人际交往所带来的愉悦感。长时间处于紧张和不安的状态中，获得亲密感的机会又少得可怜，还无法百分之百地得到你想要的结果，这种整天看人眼色行事的生活能给人带来幸福感吗？放松心情，不去打探别人的想法，按照自己的方式生活，我认为会轻松得多。

让我来举个例子吧。假设你周围有5个朋友，你对他们付出了百分之百的关心。按照常理，人们对喜欢自己、关心自

被伤害的勇气

己的人会带有更多的好感,当然也会有互相都不感兴趣,并不想在对方身上花太多精力与时间的朋友。那么假设你周围的5个朋友中,2个是你有好感的,1个是你特别喜欢的,还有两个是完全不感兴趣的,你会将百分之百的关心怎样分配到这几个人身上呢?我想应该就是30:30:40:0:0吧。对有好感的以及特别对胃口的朋友,你会继续和他们保持联系,关系也会越来越亲近,而另外两人则会渐渐疏远。

然而,对于那些眼力见儿100分的人来说,他们的分配方式则完全不同。他们不能让周围的任何一个人得不到自己的关心,因为他们觉得只要自己的关心不到位,对方就会对自己产生反感的情绪。于是,他们努力把自己的关心平均分配到周围每个人身上。有人多得,有人少得,都会产生问题,所以必须公平。这样一来,不管周围的5个朋友是否有跟自己特别亲近的,他都一视同仁,按照20:20:20:20:20的方式将自己的关心分配给他们。那么,你觉得会产生怎样的结果?平均分配绝对不是一件容易的事,必须时刻对比、称量,这对于分配的人来说非常费力。那对方的反应会怎样呢?首先,有些人不会感到意外,觉得20很合适,也会因此对你产生好感。但也会有人觉得20远远不够,特别是平日里关系比较亲密的朋友,本以为自己会分到40的关心,没想到只有20。你

第三章
别把受伤当回事

觉得他们会满意吗？对他们来说，得到20和0没什么分别。这样一来，说不定就埋下了"伤害"的种子。此外，还有一部分得到20的人，因为对你不感兴趣，并不会因此就改变对你的态度。相互关心才会促使关系更加亲密，正所谓一个巴掌拍不响，单方面的"求爱"是没有效果的。

由此可见，**过分察言观色既无法让你享受到正常的人际交往所带来的亲密感，也无法让你真正躲过那些恶语中伤。**为了达到你设想的目标（其实并不能达到），付出的代价也是不可估量的。当然，我们每个人为了维持自己在社会中的地位，确保良好的人际关系，有必要练就出察言观色的本领。而且事实表明，善于察言观色的人获得成功的机率确实比其他人要高。然而如果你的目的是为了躲避伤害，那我还是劝你再考虑考虑。因为凡事皆讲究度。

怎样对付这个充满是非的世界

他只骂我？还是所有人都骂？

当得知有人在背后说我们的坏话时，恐怕我们的第一反应就是：为什么？在完全意料之外，不知道确切原因的情况下，我们脑海中会闪现出一连串的疑问："他为什么说我？""我哪儿做错了？""为什么偏偏是我？"虽然当问题产生时，寻找答案才更有利于问题的解决，但人部分人总是习惯先寻找原因，"先搞清楚来龙去脉吧。"

就算心里承认指责与非难是不可避免的，可真到事情发生时，人们总会产生质疑："为什么偏偏是'那个人'指责'我'呢？"前文我提到过，当某人指责我们时，我们有必

第三章
别把受伤当回事

要展开逆向思维，假设自己是攻击他人的一方。这种换位思考有助于问题的解决。指责与非难产生于你我二人之间，被指责的主体是"你"，所以了解"你"的想法才是问题解决的关键。如果我能够理解"你"，我心里受到的伤害会多少减轻一些，但如果我不能理解"你"的做法，那么我会再次受到伤害。

每次我与饱受非难与指责的患者聊天时，会率先询问关于指责方的各种信息，比如那人的性别、年龄、工作、平时的性格、周围人对他的评价、与患者的关系亲疏程度、现在的关系如何等等，都是我关注的重点。虽然我不是当事者，但我希望能最大程度从客观的角度理性地思考整个事件。有时候我感觉自己就像神探夏洛克一样，收集各种各样的材料，推测对方指责他人的原因。"他真是出于憎恨才说别人的坏话吗？""为什么只有他看那个人不顺眼？""这种情况有没有可能避免或挽回？"这些让人头晕的问题到后来我都能回答个大概。被伤害的一方因为情绪不佳、思维混乱，导致无法客观地思考问题，所以我基于客观思考的推理结果对当事者会起到一定的帮助作用。

打个比方，"B是只针对A一个人，还是对所有人都说三道四？""周围人觉得A是个具有绅士风度的、易相处的人

被伤害的勇气

吗？还是也觉得A不那么合群？""那人最近在工作和生活上发生了什么不好的事吗？""最近他的表情或说话的语气有变化吗？"这些都是我首先要了解的问题。其实不光作为医生的我们，遇到问题的当事者的同事，甚至情绪稳定下来的当事者本人，都需要思考这些问题。如果把这些问题的答案收集起来后发现这个人不但对受害者，对他周围的所有人都经常出言不逊，那么受害者就没必要对此太过在意。因为他并不是针对你一个人，你只不过是他用枪扫射时不小心被击中的一个人罢了。用这种方式，我们就能区分出对方是没有目标"随意行凶的惯犯"，还是对其他人都温文尔雅但偏偏对你"蓄意不轨"了。

　　还有另外一种情况，就是指责一方处于非正常的状态中，比如最近发生了很多不愉快的事导致他心情郁闷，或是身体不适导致神经敏感等等。总之我们有必要去了解对方做出这种行为的原因，以及其是否具有合理性。但这样做不是单纯为了去理解对方，因为就算对方事出有因，也不能随意攻击他人，我们也不能有"既然是有原因的，那我就心甘情愿地当他的沙袋吧"等类似想法。如果是无法理解的行为，就更加不能原谅了。了解对方的现状和背景应是基于防御的目的而进行的，这与无条件原谅对方是完全不同的概

第三章
别把受伤当回事

念。

　　心理医学治疗法中经常使用的"认知疗法"就可以在这一问题中加以应用。认知疗法是通过纠正患者的错误认知来减轻症状的治疗方法。比如，如果患者认为"那个人从一开始就讨厌我，以后也不会改变"，那么我们可以通过告诉患者"当时那种情形下，他一气之下才说出了那样的话，都是气话而已，等他情绪稳定下来以后就不会这样了"来纠正他的想法。习惯性认知导致习惯性行动与情感，所以认知疗法的核心就是纠正导致问题发生的错误认知。

　　通过这种治疗，一部分人会用新的视角来看待对方，从而改善自身心理状态，缓解紧张的人际关系，而令人遗憾的是，另一部分人依然无法改变固有的思想，认为对方的行为只针对自己一人。事实上，我们遭到非难与指责的原因很难百分百都算在对方的头上。如果我们真的认为完全是对方的原因，那根本没必要因此而伤心，左耳朵进右耳朵出就好了。然而大部分的指责与非难，有"你"的原因，也有"我"的原因。至于比例，每个案例各不相同，我们有必要对此加以区分。

　　如果把受到的非难与指责的原因总数设为100，也就是对方和自身原因之和，那么如果对方原因占50，则我自身的原因也是50；如果对方占80，则我只占20。对方的原因所占比重越大，我自己的痛苦就越少。所以我们要常常考虑到对方所占因素的多少。

因为"我"是正确的，所以"你"必须是错的

A部门的J部长从大学时起，就因古怪的性格而闻名。虽然算不上坏人，但他为人极其固执，而且经常讥讽他人，所以很少有人愿意和他亲近。特别是他在一些很琐碎的问题上都要跟人争个面红耳赤，非要把自己的意见强加给对方。在职场中，周围同事都背地里称呼他为"自大狂"。即便他升了职，也丝毫没有任何改变，依然动不动就对属下大发雷霆，说出"要你有什么用"、"我不想听你的想法，你就按我说的做就行"等类似人身攻击的话语。已经有几名属下因为无法忍受J部长的辱骂而愤然辞职了。

有些人经常因为一些小事就和别人起冲突，事事都觉得自己是对的，别人是错的。可是很多时候谁对谁错真的那么

第三章
别把受伤当回事

重要吗？男人们在喝酒时经常会发生类似的场景。每个人有每个人的想法，我们要尊重他人的想法，允许不同意见的存在。然而这些道理在一些人那里是完全行不通的。这些人在鸡毛蒜皮的小事上也要搭上性命，好像以此来证明自己的存在。

和这种人相处是非常累的。从你一句不起眼的"并不是那样，而是……"开始的对话，往往就会带出他一连串的"你怎么会是这种人？""你一直就有这个问题"等带有人身攻击性质的话语。如果每件事都要与别人争个你死我活，那他受到指责与非难只是时间问题了。这种人总认为别人都是错的，自己永远正确。不，是自己必须正确。

普通人大都抱有这样的想法：你的话有道理，我的话也有道理，我的意见可能是对的，也可能是错的，但我希望你能尊重我的意见。然而这种人的想法却是："我是对的，所以你是错的"。换句话说就是："你永远都是错的。为什么？因为我永远是对的啊！"这种思维方式是典型的"非黑即白"，他们的思维中不存在"我是对的，你可能也是对的"这种想法。

总是攻击别人的人，总反复强调是别人错了的人，在与他人对话时，常常说出类似"你不对，我才是正确的"这样的台词。这是将自己希望获得别人认可的需求、确认自己存在感的需求，通过否定他人的方式来获得的一种表现。他们好像只能通过贬低别人才能增强自尊感，即便是单纯地讨论问题，也要争个你死我活。争论和否定，很容易就变成了指责与非难。"你能力太差"听起来和"你能力还不如我的一半"没什么差别。

这些人为了提升自己的存在感而去攻击别人，且无法体会被攻击者的感受。他们认为，如果证明自己是正确的，就能得到别人的认可，自己在别人眼中的地位也会提升。然而事实却是他们的顽固不化导致和周围人的距离越来越远，最终被孤立。如果他们不能意识到这个问题，就会导致与他人关系的继续恶化，形成恶性循环。

在指责与非难中，考虑**"对方的因素"**时，了解对方的性格或为人处世方式也非常重要。有些人在其性格中就包含了指责与非难的成分，比如把向别人诉苦当成家常便饭的人，或是从来不知如何称赞他人、总爱用尖酸刻薄的话语贬低他人的人。这些爱指责他人的性格仿佛是与生俱来的。从某种角度来看，这些人其实也挺可怜的。因为他们只能通过否定别人的方式来获得存在感。永远无法与他人和睦相处，也是一件让人惋惜的事。

第三章
别把受伤当回事

了解对方所处的环境、背景、性格，需要花费一定的时间。为了获取更多的信息，我们需要积极寻求周边人的帮助。肯定有人比你更了解指责你的那个人。和他们一起聊天、讨论对策，这对解决问题非常有帮助。

被伤害的勇气

啃噬我内心的怒火和绝望

员工P两个月前突然发现吞咽食物的时候有困难,总感觉嗓子眼里有东西。他去做了内窥镜检查,但并未发现任何问题。痛苦的感觉一直持续,并有疼痛加剧的趋势,最近就连心脏也觉得不舒服了。这与最近流行的焦虑症的症状极为相似。员工P最后来到了精神科,向医生吐露了心声。原来是他所在部门的部长严厉且固执,导致他受到很大的压力,而他又无处诉说,只能独自一个人忍受。

灼烧我内心的熔炉——怒火

现在让我们来分析一下那些爱指责别人的人吧,也许分

第三章
别把受伤当回事

析后你就能理解他们的所作所为了。理解需要综合各种信息和客观理性的思考。理性思考需要抛开不必要的感情因素，而最难处理的感情就是"怒"。当人处在愤怒的状态时，理智或理性就不复存在了。

这种现象可以用科学来进一步解释。我们大脑中的边缘系统（limbic system）与人的情绪有关，额叶（frontal lobe）则主管理性思考和冲动情绪调节。这两个部分并非各自分离，而是通过神经回路密切相连。额叶对边缘系统进行适当控制，从而使理性对情绪产生一定的抑制作用。相反，当边缘系统上承载过多的情绪时，会通过神经回路妨碍正常的额叶功能。过度愤怒或情绪激动时容易丧失理性判断，就是因为边缘系统的超负荷承载导致额叶功能下降而造成的。这从生物学的角度很好地解释了一个人就算有多么强大的精神力量，在情绪兴奋的状态下也无法做出理性思考的原因。

事实上，生气是我们受到非难与指责时最易产生的情绪。如何将愤怒的情绪表达出来非常重要。医生或心理咨询师在与患者聊天时，经常会鼓励他们去表达愤怒。这里所说的表达并不是让你摔椅子或扔东西，而是回忆自己当时在受到伤害的时候感受到的愤怒，并把它用语言来表述出来。在表述的过程中，有些人会越说声音越大，情绪也越来越激动，有的人还会

被伤害的勇气

流下愤怒的眼泪。把积蓄在心中的愤怒通过恰当的方式表达出来，对治疗将非常有帮助。夫妻之间争吵，或是在公司被同事指责，日常生活中让人发火的情形真是太多了。儿童心理科的医生为了让那些语言表达能力较弱的孩子用非语言的方式表达愤怒，经常会采用画画或做游戏的方法。

我们从小接受的教育是尽量压抑自己的情感，"喜怒不形于色"。不过现在人们的观念已大为改观，大家逐渐认识到让孩子真实地表达情感有助于身心健康。然而成人们，特别是在职场中的上班族却不习惯表达自己的情感，尤其在处理愤怒等负面情绪时经常不知道该怎么做。疏于情感表达的人在生气时的表现不外乎大声说话或扔东西，但这种行为对于成人来说未免显得过于幼稚，所以大部分人都会克制自己不去表现出来。不仅如此，人们对如何正确表达愤怒的方法也并不感兴趣。因此，人们受到非难与指责的瞬间所感受到的愤怒找不到正确的"出口"，只能一味地憋在心里，这样非常容易导致各种后遗症。

与不知如何表达相比，更严重的情况是很多人连自己正在生气都不知道。当愤怒的情绪高频率反复出现时，受伤害的一方已经习惯了自己生气时的状态，就像我们每时每刻都在呼吸但因为看不到空气所以不会对空气有强烈的感知一样。不管是

第三章
别把受伤当回事

"郁火病"还是抑郁症,患者都应努力感受自己正在生气的感觉,并将愤怒恰当地表达出来。如果连自己正在生气都不知道,那问题就比较复杂了。这类人可能在很长一段时间内,对愤怒这种情感的表达处于一种"束手无策"的状态。还有少数人,他们对愤怒这种情感本身不太熟悉,感觉不出来自己是不是在生气。也有人在生气的时候会产生负罪感。医生或心理医师要告诉患者生气是怎样一种感受,以及如何恰当表达愤怒。这对那些自身感知力较弱的人来说非常有帮助。

情绪这个词的英文emotion据说源于拉丁文movere,意思是"移动"。Emotion如果去掉"e"变成"motion",也有移动的含义。这说明情绪不是固定在一个地方,是会自然移动的。不要把怒火藏在心里,要让它"移动",自然地表达出来。

绝望,让人无处可逃

当被伤害到一定程度时,会引发绝望的情绪,这说明当事人的神经已经处于一种麻木的状态。绝望是一个你不想见到却又不请自来的"客人"。那些连愤怒都感受不到的人陷入绝望的可能性较大,因为当受到伤害时,发泄怒火在一定程度上可以起到自我防御的作用。当你连生气这件"武器"

也不具备的时候,就很容易陷入绝望的深渊。

当无法感知、无法表达愤怒的情绪时,绝望就会萌芽。我们本来可以通过发火这个途径来调整情绪的状态,但绝望不一样。"我是个没用的人"、"看不到任何改变的可能"等感觉,与其说是一种情绪,倒不如说是一种歪曲的信仰。这种信仰一旦产生,治疗起来将会非常困难,所以预防这种信仰的产生非常重要。

人在特定的情况下认为自己什么事都做不好,且这种情况反复出现时,非常容易陷入绝望。马丁·塞利格曼(Martin Seligman)通过实验提出了著名的"习得性无助(Learned helplessness)"理论。他把狗关在笼子里,并对其施以电击。狗想逃出笼子,他就继续电击它。到最后,狗完全丧失了逃跑的念头,即便把笼子打开,它也不会跑出去。就算自己采取什么行动,也无法逃避痛苦,这就是习得性无助。即使环境改变,这种无助感依然会持续。长时间遭受非难与指责所引发的绝望情绪就与之类似。最开始也会生气,也会想摆脱困境,但当发现自己所做的一切都无济于事时,就会产生无助感和绝望感。

绝望使人产生逃避的情绪。发火说明身体里还有想与周边环境"搏斗"的能量,绝望则说明这种能量已经枯竭。最

第三章
别把受伤当回事

开始，人会变得消极，故意躲避人群。而与他人的交流越少，就越无法获得积极的、正面的影响，人就会变得越发绝望，从而形成恶性循环。

因此，在绝望念头加剧、演变成抑郁症之前，在感到生命没有价值、产生轻生的念头之前，我们必须寻求他人的帮助。任何形式都可以。当天空乌云密布时，所有事物看起来都是灰色的。当认知发生严重歪曲时，必须加以纠正。通过治疗，我们要让患者认识到，他现在所处的实际情况并非像他想象的那样看不到任何希望。我们要寻找那些被他当做绝望的"证据"，一一观察；我们要让患者学会表达和感知愤怒。如果病情特别严重，也可借助药物来治疗。

你听过直接死因和间接死因这两个用语吗？假设有一个人从高楼上掉下来摔死了，那么"掉落"就是间接死因，因掉落而导致的"脑损伤、脑出血"则是直接死因。如果把这两个用语放在指责与非难中，那么非难与指责就是间接死因，而非难与指责导致的情感问题则是直接死因。也就是说，杀死我们的最终主体是非难与指责导致的情感问题。因此，怎样处理这些情感问题，对于摆脱非难困扰至关重要。

被伤害的勇气

情绪的列车终于也开走了

最近有关情绪重要性的书和文章越来越多。注重观察自身的情绪状态，懂得恰当地控制情绪，对于身处职场中的人们来说非常重要。那么，与非难这个关键词相关的情绪该如何处理呢？

请大家记住，在任何时候都不要被情感本身所吞噬。诚然，当遭受非难与指责时，没有人的心里会好受。这时的心情既包括对指责一方的愤怒，也包括害怕再遭受其他类似指责的担心，还包括失望和失落的情绪。但我们千万不能被这些负面情绪吞噬掉。因为一旦陷入负面情绪中无法自拔，人就会丧失理性和判断力，从而很有可能遭受到更大的感情创伤。我们一定要记住，感受情绪的主体是我们自己，这一点

第三章
别把受伤当回事

非常重要。**情绪只是我们的附属物而已。**

  在为患者治疗时，我经常让他们想象火车由远及近经过的情景。火车从很远的地方出发，当驶到我身边时，响起一声长长的汽笛，之后又渐渐远去。情绪也像火车一样，瞬间离我很近，但之后又慢慢走远。当遭受非难与指责时，我们心中充满愤怒的情绪，但随着时间的流逝，这种情绪就像已经远去的火车，会变得模糊。所以，只要我们能抵挡住情绪爆发的瞬间，情绪这趟列车就能安全地驶入平稳的路段。这里有一点需要注意，那就是不要踏上"情绪的列车"。一旦踏上了列车，说明你已经被情绪本身所控，无法理性地感受并战胜这种负面情绪。所以，当我们大发雷霆的时候，要努力想到"恩，我的情绪已经到达了顶峰，接下来它会像火车一样，慢慢离我远去的"，千万不要成为情绪的奴隶，做出令人后悔的行动或决定。

  要想不被负面情绪所控制，**冥想**也是一个不错的方法。当然，我说的不是专门跑去寺庙里盘着腿冥想。冥想可以随时随地让我们的心灵得到放松，我们不妨举个例子。假设现在有人说你坏话，你感到非常愤怒。你强压怒火，来到一个安静的地方，找到一个舒服的姿势，或坐或躺，然后和自己的内心对话。"就像头顶上方5米还有另一个自己一样"，我

被伤害的勇气

经常对前来咨询的人们这样描述冥想的方法。另一个自己从空中俯视,观察在地面的你。"嗯,那个朋友现在很生气呢。"

事实上,当一个人处于愤怒的状态时,很难做到理性地观察自己,感受"我现在正在生气"的状态。所以才会有人大声喊叫,或是乱扔东西。不光是负面情绪,当感到快乐或幸福等正面情绪时,也会有同样的表现。大部分人都忽略了感受快乐或悲伤的主体是自己这一事实。你可能会问:"情绪当然是我感受到的,为什么要一再强调是'是自己的情绪'呢?"

为了能够正确接受自己的各种情绪,我们需要不断确认感受情绪的主体是自己本身。"我现在正在生气啊","我现在很伤心","这种情绪也许一会儿就会过去吧","别人如果遇到同样的情况也会生气"——平时不妨这样去加以练习。现在,就这一刻,你的想法是什么?电视里正在播的电视剧有意思吗?最近股市情况不太好,会不会有些担心?坐在我对面的人看上去有点不高兴,是有心事吗?如果在日常生活中能够做到多思考、多感知,那么当受到伤害时就不会感到束手无策或情绪失控了。

然而,当身体状态异常紧张时,很难做到同时关注自己

火车由远及近，在我身边呼啸经过，又渐渐远去。

我们愤怒的情绪也会经历类似的过程。

既然愤怒总会过去，为什么不现在就停止呢？

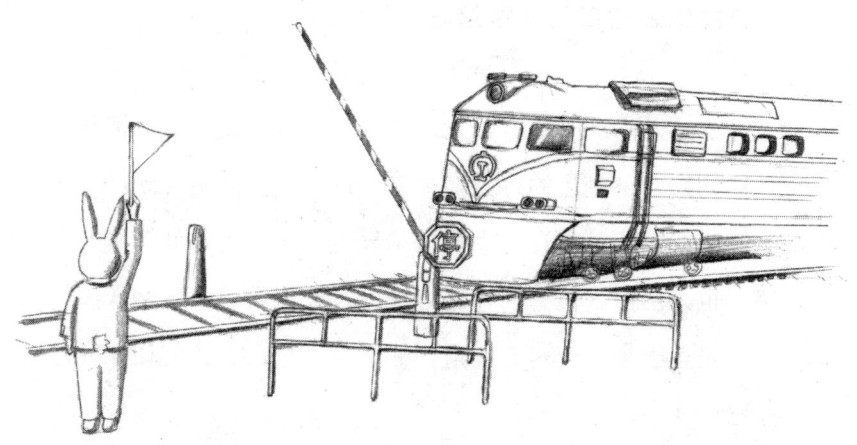

的内心。身体紧张感是指当感受到强烈的愤怒情绪时，身体所表现出来的异常反应，如心跳加快、肌肉紧张、浑身发冷等。气得心动过速时，很难进入冥想的状态。因为人体具有自律神经系统，当情绪激动时，交感神经受到刺激，身体就会产生紧张感。这时，我们需要通过放松训练等方法，尽可能地使身体松弛下来，比如深呼吸可以为身体提供大量氧气，只要把注意力集中在呼吸上，紧张感就能得到有效缓解。

任性地表达自己的情绪吧

前文提到过，情绪的英文词源有移动的含义，因此情绪也是持续移动、变化的，就像火车经过。然而情绪移动最基本的方法就是通过外在行动把情绪表现出来。当你就算再怎么努力也无法接受愤怒的情绪时，就需要把自己的情绪状态向对方表达出来，让对方知道你的诉求。那么，我们该如何表达呢？

我们来看看以下的句式：因为你我感到很开心、因为那个人我感到很伤心。用一句话表达自己的心情等类似造句，是我们小学时就已经学会的。然而当我们成年后，却很少再

第三章
别把受伤当回事

说出类似的句子，大概是觉得肉麻或幼稚吧。在让自己失望的同事面前，我们只会说出："你最近到底怎么回事？"，而不会说："你最近太让我失望了。"夫妻吵架时，也只会说："你怎么现在一件事都干不好？"，而不会说出："你最近很让我恼火"这种表达自己情绪的句子。

我们现在说话的主语经常使用第二或第三人称，几乎不用第一人称。仿佛我们已经忘记了自己的存在，已经不知道如何表达自己的感受，而只关注别人的想法和行动。我们之所以在生气时不会对对方说出"我生气了"，是因为我们知道对方能从我的表情、语气和动作中看出我生气。所以越是在一起生活时间久的人，特别是夫妻间或家人之间，越少使用第一人称说话。

表达自我的方法叫做"i-message"。为什么说它很重要呢？首先，我们经常想当然地认为，和自己关系亲近的人会非常了解自己的想法和感受。然而事实却是，就算对方和我们的关系再亲近，如果你没有把你内心的情感表达出来，对方也是无从知晓的。不管是夫妻之间还是父子之间。因此，我们有必要说出自己的真实感受。这是原因之一。第二，i-message 并不是单纯的信息传递，我们应该用容易让对方听懂的方式来表达，且态度坦诚。表达的内容除了自身的

被伤害的勇气

情绪状态、形成的原因外,还应包含对对方的期待。总之这样的谈话应建立在真诚和平等的基础上来进行。

不妨试着用i-message的表达方式与伤害你的人进行对话。我知道这将会是一个挑战。有些人认为在职级制度森严的公司内部,与公司上司进行类似对话几乎是不可能的,甚至有可能因为这种"奇怪"的对话使局面变得更加糟糕。然而这种对话是必须要进行的,因为如果你不说,很多人并不知道自己的行为严重伤害到了其他人。所以也有不少人鼓起勇气,创造对话机会并通过开诚布公的对话使对方意识到了自己的问题,最后圆满解决的情况。

只要用柔和并克制的语气引导对话就好了。"我因为你做的一些事感到不太开心,你能这样或那样做吗?"**不要只简单地描述自己的心情,也要把导致情绪不佳的原因,以及对对方的期望也一并吐露出来。**这样做也是为了防止对方说出"我知道你什么意思,可你到底要怎样啊"的话来。如果对方能够按你说的去做,当然是再好不过。但就算对方在行动上没什么改变,只要你真实地吐露了自己的心声,对方也理解了你的想法,这就算是成功了一半,也是一种收获。

我认为,即便你的工作场所如军队般等级森严,这种对话也不是完全不可能进行的。更何况随着时代的变迁,很多

第三章
别把受伤当回事

公司里的上下级之间已经没有了明显的区分，可以进行开放、平等的对话。i-message 不但可以应用在职场，家人或朋友之间也可以通过这种方式来进行良好的沟通，从而构建健康的人际关系。

情绪的表达越幼稚越好。让我们重新做回孩子吧。

被伤害的勇气

不是我的错

不存在"全都对"或"全都错"

韩国朝鲜时代有个著名人物黄喜丞相,这里为大家讲述一个和黄喜丞相有关的趣事。

一天,黄喜丞相家中的两个女仆不知为什么吵了起来。她们来到丞相面前诉苦,想让丞相主持个公道。丞相听完一位女仆的话后,点点头说:"你说的对"。另外那个女仆听了很不高兴,马上反驳说自己才是对的。丞相听完她的话又说:"你说的也对。"在一旁的丞相夫人不解地问:"这个人对,那个人也对,那到底谁才是真正对的

第三章
别把受伤当回事

一方呢?"黄喜丞相听了,慢悠悠地说:"夫人说的也有道理。"

还记得老师说过我们应该从黄喜丞相的故事里学到些什么吗?每个人都有各自的价值观和主张,都值得被尊敬——这大概就是故事的中心思想。然而我们小时候在思想品德课上学到的优良美德,却没有在后来的生活和工作中得到实践。站在对方的立场思考,不要急于评价对方——听起来似乎不难,但真正做到却不容易。

我们之所以会指责别人,大概就是因为冥冥之中觉得**"我是对的,你是错的"**吧。被指责的人也会产生"我做错了吗?"的疑问,并饱受折磨。由于这其中包含着各自的价值判断,因此指责就变得更加让人无法忍受。然而"我对你错"的价值判断到底是谁做出的呢?其实就是我们自己。可是你能保证你的想法和决定是永远正确的吗?不管你的教育程度有多高,生活经验和工作经历有多丰富,都无法确保你能永远做出正确的决定。我们应当认识到自己随时有可能出错,并用"我是这样想的"等类似建议或劝导的语气来与他人交谈。如果总是将"我是对的"的思想强加给别人,受到指责和非难就是迟早的事了。

被伤害的勇气

　　被指责的一方也应有同样的想法。说出"你做错了"的人也可能是犯错的一方，我们不要轻易地就认同了对方的指责。"那个人误会了我，也不懂得尊重我。"虽然我们不能说对方永远是错的，但至少他没有像黄喜丞相那样表现出基本的尊重和体谅。"是的，也许我做错了，但你有必要用这种态度告诉我吗？这是不懂得尊重他人的表现！本来就是对我的误解，又不懂得尊重我，我为什么要听你的？"

　　世上的事并非像1+1=2那样简单明了。很多事情也并没有准确的答案。就像每个人对于美食的标准各不相同，做人之道也有着各自不同的答案。那些成功人士或畅销书作家的演讲，不过是将自身的处世之道告知众人而已，并不是对每个人都适用的秘诀。"少数服从多数"的法则只是说明大多数人的意见是一致的，但并不能证明大多数人的意见就是正确的。一个人极富创造力的想法也可能改变世界。上学时总爱和老师争辩、被同学孤立的爱因斯坦，后来提出了影响整个世界的理论学说。人与人之间的关系不属于科学的范畴，"这样做就一定会成功"的说法只不过是努力追求成功的人的美好愿望而已。

　　我们不是全知全能的造物主，无法告诉别人"这个人是对的，按照这个人的方式去生活吧"，也不可能所有事都能

第三章
别把受伤当回事

判断出谁对谁错。自己认为自己是对的就好了，不应该把这种想法强加给别人。黄喜丞相对两个女仆谁对谁错心中自有判断，他只是没有表达出来而已。把"我是正确的"想法放在心里就好。我们应该学会体谅他人的感受。

不管别人怎么说，内心坚定自己是正确的，活着就不会太累。没必要在小事上斤斤计较。"好吧，你是对的。"这有那么重要吗？

内向性格不好吗？

我们总爱在孰对孰错上争个你死我活，指责与非难的产生恰恰源于双方立场的不同。双方都产生了"我对你错"的错觉，又都没有给予对方应有的尊重，最后就演变成了对对方的攻击。黄喜丞相就充分认识到了两位女仆立场的不同。

每个人都是独一无二的存在。就连同年同月同日生的一卵双胞胎也会有着完全相反的性格，他们只是外表看上去很像罢了。再加上每个人有着各自不同的成长史，天生遗传和后天环境造成的差异，成就了每个人不同的个性。

事实上，大部分人容易被和自己很像的人所吸引。性格和想法相近的人会逐渐聚集在一起，所以当他们遇到与自己

被伤害的勇气

意见相左的人时，很容易产生攻击的念头。回想一下，那些指责你的人，是不是大部分都和你的性格不太一样？喜静的人讨厌说话啰嗦没完没了的人，个性活泼的人觉得内向性格的人很无趣，爱喝酒的人也总是瞧不起聚餐时总喝可乐等饮料的人。

酒量不好就该被别人指责吗？内向的、喜欢安静的性格难道就低人一等吗？虽然大部分人的回答是否定的，但在现实中，这些差异往往就变成了不能饶恕的罪过。当这种现象与群众心理相遇时，会表现得更加明显。一个爱叽叽喳喳说个不停的人不会指责一个性格安静的人，但当十个爱说话的人聚在一起时，那个性格内向的人就成了众矢之的。当个人演变为集团，少数派就会变成替罪羊的现象广泛存在着，是一个泛年龄和泛文化的现象。

如果对方的与众不同给我造成了不便，就有可能演变为指责。有个人说自己喝不了酒，那么他所属集团的人就会觉得他为自己带来了不便。"因为你不能喝酒，会餐的气氛都不好了"是最具代表性的指责。我们不能无端地指责他人，所以只能为自己的说法找个合理的借口了。

对于先天的差异，人们大都不会太过介意，但后天形成的差异，很容易成为指责的"素材"。自来卷、肤色、身高

第三章
别把受伤当回事

很少引来指责,但"性格奇怪"就常被拿来作为攻击的方向。但其实性格也包含了不少先天遗传的因素,不完全是后天养成的。性格也决定着我们的行动。性格是无法选择的。在我们受到指责的众多原因中,完全与先天因素无关的原因能有多少呢?

被批评业务能力低下的人,他的大脑灵活度有可能本身就比别人差,也有可能患有不易被察觉的ADHD(译者注:注意力缺陷多动障碍)等疾病。被批评不合群的人,也有可能患有发育障碍,所以导致社会生存能力不足,或是患有类似社交恐惧症等焦虑型障碍或偏执性人格障碍等疾病。这些都是大脑导致的问题,反而应当得到他人的理解和帮助。

希望我们每个人在感到他人的与众不同给自己带来不便时,都能换位思考一下。而受到指责的人也不要太过伤心,因为**别人指责的地方恰恰是你区别于其他人的独特之处**。

不要骂丑小鸭,因为你不知道哪天它就变成了白天鹅。

相信自己是个不错的人

自尊感是答案

"人无完人,谁都可能犯错。虽然你的想法和我不同,但我相信我的想法是正确的。你不尊重我,这让我很生气,但我可以控制住自己的情绪"——这是我们战胜非难与指责的"思想武器"。然而有时我们会遇到即使这么想也无法说服自己的时候。脑子里相信这种想法是正确的,心里却要打个问号。

要想做到从心底里相信自己的想法是正确的,首先这个想法应该是有道理的,其次,你应该相信自己有能力将这种想法运用到实际生活中去。也就是说,你自己要有坚定的信

第三章
别把受伤当回事

念,相信"我是一个不错的人,而且走到哪儿都是一个受欢迎的人"。如果连这点自信心都没有,怎么可能去实现它呢?坚信自己是个不错的人,这种信念其实就是自尊感。

前文中曾经介绍过自尊感的重要性。在应对非难与指责的过程中,它起着非常重要的"支柱"作用,所以在这里我想再强调一次。就像汽车没有汽油就无法继续前进,没有电的电器就无法运转一样,**自尊感是我们饱受非难与指责时启动自我防御系统的燃料和能源**。应对非难与指责的具体方法和要领固然重要,但我们首先要有启动防御所需要的动力来源。你认为自己是什么样的人?是一个不错的人,还是不怎么样的人?很多人并没有思考过这个问题。

我们应该相信自己是优秀的,并不断创造机会来培养这种自信和信念。小时候,父母和老师赋予了我们这种信念,但长大以后,赞扬声渐渐听不到了。在职场中,到处充满着竞争。赞扬你的人越来越少,取而代之的是专门给你挑错、否定你的成绩的那些人。推杯换盏之间,大家都在强调自己有多么不容易,向别人灌输自己的价值观,却没有人肯定你的想法,表扬你,鼓励你。不过,回到家中就能见到可爱的孩子,他们认为自己的爸爸妈妈是天底下最棒的。所以我们越累就会越想念孩子。可是作为成年人的我们也不能总把孩

被伤害的勇气

子当做精神支柱。

　　与自尊感不足的人聊天时，我经常建议他们去问问周围人的意见。只要不是被社会孤立的人，身边都会有同事或朋友。你可以去问问他们"我的优点是什么？我在哪些方面比其他人更优秀？"这也是一个培养自尊感的方法。问的时候要注意方式方法，没完没了的追问会让别人觉得厌烦，要真诚地表达自己的心声。"我这人没什么自信，所以总是高兴不起来，而且当别人攻击我的时候，我也经常束手无策。我想找回些自信，看看自己哪些方面有优势，你愿意帮帮我吗？"如果对方能够理解到我的苦衷，就不会流于表面地夸我几句。在当今社会，人们似乎总是很吝啬对别人的赞扬。但是当你将来龙去脉讲述清楚，我相信大部分人都会认真思考你的问题，并说出你的优点。比起父母，同事或朋友更能从客观的角度来评价你。当你听到对方赞扬你时，千万不要觉得"唉，我不可能那么好"，无视别人的意见。如果你希望对方给你忠告，至少要首先相信他说的话。

　　年纪越大，就越难遇到能够提升我们自尊感的人。所以我们自己要行动起来。小时候，包括父母在内的大人们会提升我们的自尊感；长大以后，我们要自己学会提升自身的自尊感。总之，作为一个成年人生活在这个世界上，真是不容

第三章
别把受伤当回事

易啊。

人生就是不断培养自尊感的旅程

不管我们多大年纪，在职场中得到认可和赞扬都是一件特别让人高兴的事儿。也许因为被表扬的机会越来越少，所以一旦得到他人的认可，就会觉得特别兴奋。不过光指望别人来表扬你还不够，我们自己也要制造机会去证明自己。

比如你去体育馆努力地锻炼身体，会得到哪些回报呢？可能大部分人会将自己运动的原因归结为"为了身体健康"或是"为了减肥"。但如果你再细想一下，不管是减肥还是健康，其实都是提升自信心的行为。变苗条以后，参加各种活动都会更有自信；原本到处都是赘肉的身体变得结实有弹性，自己心理上也能获得极大的满足。这样做不仅仅是为了让别人眼中的你更有魅力，因为首先只有你有自信了，才能在别人眼中看起来自信。

读书或学习也是一样。不要把目的狭隘地定在为了升学或就业上。如果你是为了获取丰富的知识、寻找学习的乐趣而去读书、去学习语言，那么你最后的收获将会加倍，别人眼中的你也会变得更加知性。就算你读书的目的带有一定的

被伤害的勇气

功利性，但只要你能将读书这种习惯坚持下去，自信心也一定能够得到提高。运动、读书，不断开发自我，这是一个展现自我价值的过程，也为你提供了一个证明自己"确实是个不错的人"的机会。

前文提到自尊感时我曾经说过，**看待自尊感这个问题，不要仅从"提升自我"这个概念出发，而应从更广义的"自我存在"这个角度来思考**。因此，只要是能感受到自身存在的活动，都是培养自尊感的"土壤"。除了让身体更加健康，让大脑中储存的知识越来越丰富以外，还有其他各种各样的、适合自己的方式方法。有的人能够在工作中体会到自己的存在感，有的人却只有在海边休假晒太阳的时候才能感受到自我的存在。退休的老人还继续找工作，家庭主妇在社区图书馆里看书、学英语或学电脑，他们都是为了不断提升自身的商品性。可能有的人觉得商品性这个词听起来不太舒服。我们可以用另外一个词来表达，那就是"能感受到自我存在的行动"。年纪越大，就越会珍惜花在这上面的时间和精力。可能有的人会说，今天我感受不到自我存在没关系，不是还有明天吗？可明日复明日，明日何其多？我们不妨今天尝试做这个，明天尝试做那个，努力寻找生活中的"小确幸"，千万不要浪费了大好时光。

第三章
别把受伤当回事

每天去健身练出的肌肉，一旦犯懒停止训练，就会慢慢变回肥肉。自尊感也是一个持续的培养过程。别人对你的负面评价、对自身表现的失望，都会或多或少消耗掉我们的自尊感，所以我们需要随时随地为自尊感"充电"。自尊感的保持是一个看不到尽头的过程，这也就是我们为什么需要时常停下脚步去反思和自省的原因。

传说释迦摩尼一出生就走了七步，并说出"天上天下唯我独尊"这句话。虽然现在这句话大都用来形容狂妄自大的人，但正确解释应为"吾为此世之最上者"。也就是说，不是指"我是这个世界上最厉害的人"，而是**"我是这个世界上最珍贵的存在"**。这里的"我"也不是单指一个人，而是指生活在世上的众生。所以我们不但应善待他人，也要爱自己，珍惜自己。反复默念"天上天下唯我独尊"这句话吧，记住自己是这个世界上最珍贵的存在。

我就像一个充满能量的小宇宙，
为了证明自己的存在，默默地积蓄着力量。
这其实也是培养自尊感的过程。

第四章 心中有爱的人 才会得到爱

被伤害的勇气

一个人的时候会越来越完美

不会被伤害的时候

现在我们只剩下补充"燃料",也就是增强自尊感这件事了。在感受自我存在感的各种方法中,你会选择哪个呢?总之,不管你选择哪个,都必须集中全部精力去关注自己的内心感受,否则不会起到任何作用。要想做到这点,对环境有什么要求吗?是的,我们偶尔也需要一些独处的时间,可以把所有注意力都放在自己身上的时间。想想看,你是不是以前过于热衷扎堆了?

总听人说"人类是社会性的动物",自己无法独立生存。虽然每个人看似是个独立的个体,但也要与不同的人形

第四章
心中有爱的人才会得到爱

成不同的人际关系。不过在我的诊所里,常常能见到"拒绝成为社会性动物"的人。其实这样的人在职场中也很容易被发现。这种人被称为"社会不适应者",他们总喜欢独处,过隐居的生活。当我们看到这些人独自一人孤单生活的时候,会越加感到和谐的社会生活是多么重要。一个人遭遇心理问题时,必然会影响到他的人际关系。在当今社会,一个人能否与他人和谐相处,是一个人性格和能力的体现,特别是作为社会性动物的能力就显得更加重要了。

然而在这个世界上,试图攻击我的"敌人"太多了。想假装看不见,或是不想让别人看出来自己身处窘境,都要付出不小的努力。被人际关系困扰的人经常控诉:"好像在戴着假面具生活,假面具里才是真正的我。根据不同场合更换不同的面具,真是太累了!"是啊,面具这个比喻实在是再恰当不过了。人际关系处理高手往往懂得在最恰当的时候换上最适合的面具——这句话听起来不免带有一丝的苦涩。

不管你喜欢不喜欢,我们在朋友和家人面前总要戴着假面具。在这种情况下,我们该如何去感受"自尊"呢?**我们从爱我们的人身上得到无穷的力量,却总要消耗在和"敌人"的无谓斗争里**。人们好像总在处理负能量的事情上花费更多的心思。

被伤害的勇气

不管我们做什么，似乎总爱和别人一起。吃饭，要拉上朋友一起吃；去看电影，即便没什么可说的，旁边也一定要有个人，自己心里才踏实；自己散步总觉得无聊，自己吃午饭自己下班去喝酒看起来也有些莫名的尴尬。在意别人的视线是一方面，更主要的原因是根本不记得有过独自做某件事的印象。连想象一下都觉得"孤独寂寞冷"，就更不会去尝试了。

指责与非难也是相对的。我受到指责与非难，说明有个指责我的某个人存在。人群中既有"敌军"也有"我军"。假如我从拥挤的人群中逃脱出来，虽然没有人能再帮助我，但却可以躲避那些伤害我的人。现在有越来越多的人开始追求"一人份"的生活。在自己的世界里，既不用戴着假面具，也不用为无谓的诽谤苦恼。一个人去旅行，或是一个人去咖啡馆点一杯咖啡，享受独处的时光。他们已经不再是"异类"。和那些被孤立的人不同，他们是自己主动、愿意按这种方式生活，并非常享受这种生活方式的人。他们能体会到和别人在一起时所感受不到的另外一种快乐。当然，也没必要总是一个人独来独往。我们只不过是通过短暂独处的"绿洲"来治愈平日里在职场或生活中累积的疲惫罢了。总之，**积极地创造属于自己的时间吧，这能帮助我们感受自我**

第四章
心中有爱的人才会得到爱

的存在。自尊,也会在这里萌芽。

我们都需要自我安慰

只要时间允许,不妨多制造一些独处的时间。这样既可以降低与那些潜在"敌人"碰面的机会,也可以把注意力更多地集中在自己身上。这是获得自我存在感最理想的途径。遗憾的是,现在很多人依然试图依靠别人来获得自我存在感,最具代表性的例子就是SNS,即社交网站。

不管是微信还是微博,人们总喜欢通过这些社交网站随时发布自己的动态,获得点击率或"点赞"。吃到好吃的,或是看了一部不错的电影,就会马上放在网上告知天下,然后等着所谓的"朋友们"来评论和点赞。虽然地点从现实生活搬到了虚无缥缈的网络上,但希望获得认可的需求并没有改变。评论越多,点赞越多,似乎就越能证明认可你的人越多。社交网站赤裸裸地展现出现代人把获得幸福感过多地寄期望于他人身上的现象。在这样的社会环境下,人们只能把获取存在感的原动力放在别人身上。小时候,我们获得父母和老师的肯定,现在则换成了智能手机里的朋友。

通过构筑虚拟世界,我们可以更积极地寻找到认可我们的对象。但这种进化也具有一定的局限性。在网上形成的人际关系逐渐变得复杂，很多人因此而感到疲惫。最近有文章指出，沉迷于社交网络的人更容易感到孤独和空虚。奥地利因斯布鲁克大学研究人员刚刚发表的实验结果恰恰证明了这一点。实验人员将300名参与者分为A、B、C三组。在20分钟的时间里，要求A组人员浏览社交网站，B组人员浏览除社交网站以外的其他网站，C组人员则什么都不做。结果表明，A组人员中反映"感觉自己在浪费时间，心情不太好"的比例要高于B组和C组。很多人希望通过社交网站来获得自尊和幸福，但这些努力有时会导致相反的效果。假设你已经养成了每天早上睁眼第一件事是查看社交网站评论的习惯，那么，如果有一天当你发现一条评论都没有的时候，必然会感到失落。

　　依靠自己获得的自尊和幸福，比依靠他人获得的有效期要长很多，状态也更稳定。那些关系融洽、感情浓度高的夫妻在谈到婚姻的"保鲜秘诀"时，大都提到"只有我幸福了，我的爱人才会幸福"这个观点。配偶是家人，但严格来看也属于"他人"的范畴。如果我们总依赖他人给我带来幸福，那就很难维持好与人生中最重要的他人——你的配偶之间的关系。我的幸福程度左右着我与他人之间的幸福程度，

第四章
心中有爱的人才会得到爱

这意味着我们必须首先**确保自己的幸福水平是稳定的**。

我想起了一位患者对我说过的话。

"一天,我下班回家坐地铁。此时的我就像平时一样疲惫不堪。地铁慢慢开上了汉江大桥。可能因为是夏天,虽然已经快晚上八点钟了,天还依然亮着。夕阳把整个世界染成了红色,美丽极了。就在这时,我耳机里突然响起了我最喜欢的曲子。真的好巧!视觉和听觉完美地融合在一起,让我心中泛起了一种美好又奇妙的感觉。然而这种感觉是那么的陌生,我不禁自问已经多久没有过这种感受了。说起来也是有点可怜呢。"

这种感受,只有在独处的时候才能体会得到吧?

爬到屋顶去赏月,一边开车一边跟着音响里的音乐哼唱,从社区图书馆的书架上抽取一本泛黄的小说,在小区里快跑直到喘不过气,然后倾听身体和内心对我们说的悄悄话……探寻自我存在感的出发点也许就在我们身边。

只有我存在，这个世界才会存在

我现在是谁？

"我每天有思考的时间吗？我现在的情绪是怎样的？"你最近是否问过自己这些问题？书桌上堆满的文件、家里的信用卡对账单、能让自己稍微放松一下的电视机和电脑……究竟什么时候我们才能抛开它们，把"天线"转向自己呢？自己真正想要的是什么？真正喜欢的又是什么？

大家不妨回忆一下，距离上一次真正为自己考虑的时候已经过去多久了？可能大部分人都会追忆到学生时代吧？因为那时正是琢磨高考志愿应该填哪所大学，选哪个专业等需要做出人生重大决定的时刻。只有在那段时间，我们才会认

第四章
心中有爱的人才会得到爱

真思考自己的优点和兴趣点。当然不排除有些人因为家庭原因或其他因素，做出与自己期望不同的决定，但站在人生重要的岔路口时，每个人都会慎重地重新审视自己。进入大学后，在相当长的一段时间里，我们无忧无虑，或玩儿或学，等到快毕业需要找工作的时候，才会又一次反省自身，思考人生的方向。是选择自己喜欢的工作，还是选择赚钱多的工作？其实不论选择哪个，思考的过程对于我们来说才是最重要的。恋爱也是一样。谈恋爱时，我们能直观、深刻地感受到自己的各种情绪状态，渴望、失望、愤怒、安稳、甚至侮辱。当经历了这一切后，我们才会步入婚姻的殿堂。

这所有过程全部都经历过的我们，现在变成什么样子了呢？庆幸自己能有份糊口的工作，把所有的不满、主张和愿望都埋在心底，只忙于解决眼前的问题。只有在抽烟或喝咖啡的时候，大脑才能暂时休息一会儿，不过马上又会担心工作完不成要加班。家里会有些区别吗？早上一通忙乱后把孩子送到学校，然后各自上班。下班回家后还要给孩子做饭，把孩子哄睡。一天就这样过去了。第二天、第三天也是如此。同时要兼顾家庭和事业的职业女性则面临更多的苦恼和压力。

看来社会人感触最深的心理机制之一就是"合理化"。

被伤害的勇气

"别人都是这么生活的啊","在这儿虽然累,可说不定去别的地方会更累,还是先忍忍吧"……不管在职场还是在家中,这样的"合理化"想法一直控制着我们。自己给自己洗脑,就像寓言《狐狸和酸葡萄》的故事一样。吃不到葡萄就说葡萄酸,这不就是一种合理化的借口吗?狐狸想吃葡萄的心情,其实存在于我们每个人的心里,但我们就像狐狸一样,要么放弃,要么寻找借口。然而想吃葡萄的心情就好像我们希望获得尊重的心情一样,是一种正常的需求。我们为什么总是抑制自身的合理需求呢?

当我们做出人生重大决定之后,比如顺利进入大学或找到学校后,潜意识里会认为以后不会再有类似大事发生了,于是就会选择维持现有状态,而不是去"冒险"。维持现况并不需要做什么重大的决定或深刻反省,只要按照时间表去做就好了。确保有工作、有家庭,是我们现在最主要的任务。如果深究起来,环境也许是造成现代人缺乏自省的原因。如果工作能想换就换,如果我们能按照自身的兴趣和性格自由选择不同的工作,那我们必然需要不断的自省。然而不幸的是,大部分人没有这种自由。

成人的社会是一个"维持的社会"。对那些在并不年轻的年纪里选择去冒险的人,周围人的眼光也许很能说明问

第四章
心中有爱的人才会得到爱

题。辞职后去背包旅行,离开稳定的工作单位加入到未来并不确定的创业公司,从不幸福的婚姻中逃脱出来寻找新的爱情,大家会怎样看待这样的行为呢?当然随着社会的进步,那些做出潇洒的、令人羡慕的决定的人也开始得到周围人的祝福,但冒失、不成熟、没有责任感等指责仍不可避免地存在着。事实上,促使人们做出"冒险"决定的勇气才是最让人羡慕和钦佩的。

对于那些脱离安稳的人生轨道、做出人生重大抉择的人,我无意赞成或反对。我只是在想,他们为了做出这样的决定,一定花了不少时间去思考。在挣扎中思考人生的意义、探求个人的欲望。选择哪条路固然重要,但更重要的是自省的过程。经过深刻的反省,有些人选择了继续之前的道路前行,有些人则改变了人生轨迹,生活发生了翻天覆地的变化。可能有人会说,我现在想改变是不是已经晚了?其实只要你有自省的想法,就是有意义的,就是值得被尊重的。

被责任感埋没

通过不断合理化思考维持现状的生活就像一部由齿轮组成的巨大机器。如果每个齿轮都按自己的意愿随意转动,整

被伤害的勇气

个机器就会动弹不得。为了让机器保持正常运转，我们只能在固定的地方麻木地旋转，这就是我们现实生活中的模样。肩上的重任，别人对你的期许，让我们举步维艰。

公司里的中坚力量、家里的"顶梁柱"、抚养子女的主要责任人……我们被赋予的角色越来越多，似乎一辈子能把这些任务都完成就算不错。我们想当然地认为，作为一个社会人就应该每天努力地去完成这些责任，于是时间就这样一天天地过去了。"有意义的一天结束了……"就像那首歌里唱的一样，我们判断一天过得是否有意义，全在于是否完成了当天的任务。好像如果缺了我这个齿轮，世界这个机器就不转了。

只顾着埋头完成任务而丧失了为自己思考的时间，这就是问题所在。"牺牲我一个，幸福所有人"，好像只有这样才能称得上是负责人的成年人，才能被社会认可。虽然我们不能像拒绝长大的孩子彼得·潘那样，把所有事情都放一边，只顾着去追逐自己的梦想，但也不用太过循规蹈矩，生怕偏离一点轨道。当然，我这么说不是让你立即辞职，也不是让你抛家弃子。我是想告诉你，给自己留一点点时间，不管是身体上的还是心灵上的。在履行责任的同时，也要去感受自我的存在感。

每个人小时候都写过"假期计划表"之类的东西吧？把

第四章
心中有爱的人才会得到爱

一个大圆圈分割成几部分，上面填满今天或这个假期要做的事情。大家不妨现在就把今天要做的事画出来，画完之后看看纯粹属于自己的时间究竟能占据多大的地方。除去漫长又奔波的上下班时间和睡觉时间外，你有给自己留出思考的时间吗？是不是就算有点空余时间也留给了电视剧或综艺节目？连自己孩子的计划表里也有踢足球或和小朋友一起玩的时间，再看看我们自己过的日子，还真是有点可怜呢。

在大自然面前，人类是渺小的。当我们面对连绵不绝的山峰，面对波涛汹涌的大海，会觉得自己是那么的渺小和微不足道。我们只是地球生命的沧海一粟，但也是重要的存在。因为看到高山、峡谷、大海的人是"我"，被感动的也是"我"。绝美的风景因为"我"这个欣赏者的存在才有意义，否则它只是风景罢了。我们出门旅行不是为了去体会自己有多渺小，而是增加一个重新认识自己的机会。旅行，对于我和自然来说，都是有意义的。

就像韩国诗人金春秀写的那首名为"花"的诗中提到的一样，"天下的美景，在我遇到它之前，只是一个身影。"不管是大自然，还是围绕我的所有事物，叫出它们名字的，是"我"。**因为我的存在，我周围的世界才变得有意义。**

然而，你有没有好好照顾这么重要的"我"呢？

为了让世界这个巨大的系统不停地运转，
世间万物就像一个个小齿轮，各自负起责任，默契合作。
但请不要忘记，
你作为一个独特个体的存在永远排在齿轮这个角色前面。

第四章
心中有爱的人才会得到爱

用自己把自己填满

没什么兴趣爱好的P次长很少和同事们闲聊，属于不爱插嘴的那一类。但只要一提起自己的孩子，就像打开了话匣子，整个人都不一样了。孩子的一举手一投足他都观察得非常仔细，在教育子女方面也俨然是专家水准。如果孩子得了个奖，他恨不得能炫耀一星期。本来气氛很融洽的聚餐场合，只要谁提到孩子的话题，他就能马上把话茬接过来，并且开始滔滔不绝。"昨天啊，我们家孩子去公园玩……"同事们都觉得P次长似乎除了孩子，别的什么都不关心。

被伤害的勇气

只能从孩子那里找到幸福感的大人们

　　不给自己留一丁点自省的时间，是现代人的通病。人们总觉得成年人应该懂得"牺牲"，只要家人幸福，就可以置自己的安危于不顾。家人，似乎不能看作是"别人"，所以人们一边自我牺牲，一边努力为"另一个我"——家人创造幸福。把所有精力都放在孩子身上的父母就是典型代表。

　　不管是人还是动物，父母抚养子女是天经地义的。保护好子女，宁愿自己生病也不愿看到孩子受苦，是天下父母共同的心愿。父母爱孩子的心，是谁都比不了的。然而父母也有区别，有比其他人更溺爱孩子的父母，也有愿意给孩子更多的自由的父母。有的孩子好几岁了还要让父母喂饭，有的孩子早早地就被父母锻炼出了独立生活能力。其实在养育孩子的方式方法上，没有正确的答案。无论哪种方法都是值得被尊重的。我在这里想要说的，是建议大家能否从照顾孩子的10分精力里抽出哪怕1分给自己。

　　给孩子喂饭，但也不能饿到自己。孩子咀嚼食物的时候，我也可以趁机吃一口，为身体提供能量。不管是追着喂孩子，还是孩子能自己吃饭，总之作为父母的我们，也要记得好好吃饭。我们总不能对孩子说："我这么爱你，对你这

第四章
心中有爱的人才会得到爱

么好,你也管管我吧。"现在的社会,说到底还是得自己照顾自己,但是有很多父母认为只要孩子吃饱了,自己的目的就达到了,自己吃不吃无所谓。"看你好好吃饭我就已经看饱了,不吃也没关系。"可是我们真的能光看孩子吃饭就够了?饥饿感就能因此消失了?

很多父母把生活重心百分之百地放在孩子身上,似乎跟韩国的传统有关。我们父母那代人大都把子女当成自己的精神寄托,只要子女成功,自己怎样都无所谓。大家想当然地认为,自己过得苦一点没关系,只要能有钱送孩子上大学就行。这就是我们的社会。子女取得的一点点成绩都看作自己努力的回报。有在社交网站上晒自己的孩子比赛得奖的,甚至连小区里的大妈自己的孩子漂亮也要宣扬一番。有些父母的朋友圈里全都是关于自己孩子的内容,没有任何内容是写自己的。比如今天给孩子吃了什么,去哪儿玩了,做出什么有趣的举动了,都不厌其烦地发到网上。自己却仿佛是个透明人。

作为父母,为孩子感到骄傲也是人之常情,但我们不能把所有时间和精力都放到孩子身上。时代变了,越来越多的人不再像我们的爷爷辈或父辈那样,把盲目牺牲看作想当然。很多父母也开始慢慢把注意力转移一部分到自己身上,希望有更多的自由和权力。固然这不是孰是孰非的问题,但

被伤害的勇气

从心理学的角度来看,适度关注自身的父母,其形象更为健康。从子女身上寻找生活的乐趣,从自己身上寻找自尊。

我把子女的成功当成全部生活的意义,子女就能定期回报我或大或小的成功吗?谁也不能保证。更何况还会遇到子女失败的情况。孩子遭遇失败,作为父母应该懂得安慰孩子,与孩子共同面对失败,成为他们坚强的后盾,而不是和孩子一起哭,或是责备孩子,将挫败感放大。孩子长大后,心理上会自然而然地与父母产生距离,这时如果父母还一味地把自己和孩子绑在一起,将生活的全部重心放在孩子身上,父母一方心理上的自然分离则无法顺利完成。如果孩子以后离开家上大学或是去外地工作,父母就好像失去了生活的意义,心理上将很难适应。

我并不是让你做一个不负责任的父母,只是建议你拿出一部分精力来关注自己。偶尔也在朋友圈晒晒自己的生活,比如和老公去了一家味道不错的餐厅,或是跟同事一起解决了一项难题。你的孩子很可爱,也很漂亮,但没必要让所有人都这么认为。和公司同事聊天的时候也不妨说说除了孩子以外的生活趣事。

过度爱孩子是奇怪的一件事。当你开始学会了爱自己,孩子也能透一口气,更加自由地享受到你的爱。把自己的幸

第四章
心中有爱的人才会得到爱

福寄托在孩子身上这件事，真的应该好好想想了。

将我们的灵魂放在世界这艘大船上

把生活重心从孩子身上转移出一部分之后，很多人并没有把多出来的时间投资在自己身上。因为来自外部的诱惑越来越多，无时无刻不在向我们招手。现在人们只要稍有空闲就会拿起智能手机，和其他人用文字进行交流。在线漫画和各种视频充斥着网络，成为人们打发时间的首选。很多人把上网当做缓解压力的主要方式。

以前没有网络和游戏机的那些日子，我们是怎么过来的？每个无聊的周末或夜晚，我们又在做些什么？在现在这个智能手机已经普及的时代，我们只要拿到手机就能上网，似乎连无聊的时间都没有了。地铁里，除了不用智能手机的老年人会呆坐在座位上以外，很难找到无所事事的人。再也不用在意对面人的视线，因为每个人都在低着头，拿着手机，沉浸在自己的世界里。

有人说这是社会进步的表现，碎片化时间也被利用起来了。与其在地铁里打盹，不如上网看看新闻或电影。难道让我们在这个科技发达的时代又做回石器时代的原始人吗？事

被伤害的勇气

实上我们这些上班族确实通过微信聊天或网络购物缓解了不少疲劳。

以前我们坐公交车或地铁的时候，总是习惯望向窗外。看风景，看来来往往的各色行人。看着看着也许就会想起某个人或某件事。这种勾起回忆的方式没有一丝刻意，是自然而然发生的。也就是说，当没有外部干扰时，思想和感情更容易以自发的形式涌现出来。在手机短信被发明之前，人们通过写信来交流和沟通。一边思考一边落笔，写在纸上的字刺激着我们的大脑，手和脑都同时得到了锻炼。至少我们有过那样的时光。

现在则不同了。周围的干扰和刺激越来越多，但内心似乎变得越来越麻木。如果说以前的日子是一张留有空白的白纸，那么现在的世界则是一张颜色绚烂的彩纸。"既然颜色已经那么多，我就没必要露出自己的颜色了吧"。如果是以前的白纸，我只要稍稍露出一点不同的颜色，就能感受到自己的存在。现在可大不一样了，在各种干扰和刺激下，我要做的是选择哪些可以接受，哪些需要拒绝。已经接受的只要去享受就好了，没必要多想。

当然，这其中也有正面的刺激，可以帮助我们找到自尊感。但从整体来看，更容易得到、不用动脑、有趣才是人们追求的方向。认真反而被看作是无趣的和让人头疼的。人们

第四章
心中有爱的人才会得到爱

更愿意看惊险刺激的好莱坞大片,票价相同的艺术电影却几乎无人问津。国人不看书也不再是什么新闻。

也许有人会说:"看电影或电视剧也能被感动到落泪或被逗得哈哈大笑,这不也是一种寻找存在感的方式吗?"此话虽然不无道理,但问题在于我们只选择那些容易从外部获取的刺激,而这些刺激的"阈值"会越来越高,到后来同样的刺激已经对我们起不到任何作用。也许再看到同样令人感动的电影,即便你觉得感动也不会落泪了,顶多淡淡地说一句"好感动"而已。然而你有没有思考过让我流泪的原因是什么?这里面蕴含着怎样的情感?是感动还是恻隐之心,抑或是觉得可怜?人们总觉得"我哭了"这个结果很重要,却没人思考我之所以哭的原因和背景是什么。**对于寻找存在感来说,体会情感本身才是最重要的。**

我不是让大家拒绝这个时代的高科技。时代在进步,这是显而易见的。我们面前的世界比以前更加丰富多彩。但我们不妨暂时放下手机,也看看窗外的风景,也翻一翻书。看书时遇到不理解的语句或不了解的人物再去网络上搜索,这样不也挺好吗?我们在享受现代社会各种便利的同时,也要偶尔体会一下以前那种留有余白的美好时光。数字化生活和非数字化生活要穿插着过才更有意义。

从内心接受自己的情绪

偶尔抑郁也无妨

当今社会,人类似乎需要正式和抑郁症这一心理疾病"宣战"了。"全世界有四分之一的人都感到抑郁"、"这是一个越来越抑郁,抑郁到快让人发疯的社会"等各种说法横行。不管是大公司还是小公司,都在开设各种课程或组织心理讲座,来帮助那些感到抑郁或有可能变得抑郁的员工。只要提到"抑郁"这两个字,人人都是一副惊慌和担心的模样。

可是在任何情况下都不会感到抑郁的人,还能称为人吗?繁重的工作、生活的压力、复杂的人际关系是每个人都

第四章
心中有爱的人才会得到爱

会面临的问题，如果在这种重压之下都不会感到一丁点的抑郁，那他还是流着热血的人吗？我看和冰冷的机器人差不多了。不管是因为环境还是遗传因素，抑郁是人类的特征之一。我们没必要对抑郁这两个字太过敏感。当你了解了，你就会接受它。

首先，最重要的是要区分"抑郁感"和"抑郁症"。因工作压力导致的心情郁闷，只不过是一种正常的心理反应，和抑郁症还差着十万八千里呢。很多人在网上搜索抑郁症的症状，只要有几条症状类似，就断言自己得了抑郁症，硬是给自己贴上抑郁症的标签。然而，判断抑郁症的一项最重要的依据，就是这些症状是否对你的身心健康、社会交往、职业能力及躯体活动产生严重影响。这是美国精神医学会（APA）的《精神疾病诊断与统计手册》（Diagnostic and Statistical Manual of Mental Disorders，简称"DSM"）中明确写明的。简单地说，你所感到的抑郁是否已发展成抑郁症，要看你的家庭、工作或日常生活是否因为抑郁而受到严重影响。

不管是在专家的帮助下还是通过你本人亲身体验来鉴别，判断是否真的得了抑郁症是首要任务。谁也不想把一个健康人误诊为病人。身体疾病会让人情绪低沉，遭受重大

被伤害的勇气

经济损失或亲人去世也会让我们陷入巨大的悲痛之中。抑郁离我们如此之近，我们不应该把所有的抑郁情绪都看成"敌人"，当成必须消灭的对象。不知道其他动物会不会感到抑郁，但抑郁是人类感受到的主要情绪之一。

抑郁还有为人体提供"求救信号"的功能。生病时或是工作太忙导致身体透支时，我们就会感到抑郁，这其实就是向人体提出"你累了"的信号。这个信号告诉我们，"你的体内能量已经严重不足，需要充值了。"如果连累的时候都感觉不到抑郁，你怎么能知道自己需要休息或需要帮助了呢？没准就像一只正在充气的气球，迟早会爆炸。企图自杀的人中，很多人平时只字不提自己感到抑郁或痛苦。可如果他们说了，也许就会得到别人的帮助，从痛苦中走出来。在医院里，那些经常喊出"我很抑郁"的人更容易被治愈。相反，那些对抑郁不自知，神经麻木的人治疗起来会比较难。抑郁，对人体来说，有着"情绪传感器"的作用。

一项有趣的研究表明，抑郁对人类生存起着不小的帮助作用。Paul W. Andrews和J. Anderson Tompson在美国著名科学月刊《环球科学》（Scientific American）刊登的一篇名为"抑郁症的进化根源"（Depression's Evolutionary Root's）的文章中指出，从进化论的角度看，抑郁情绪对人

第四章
心中有爱的人才会得到爱

类具有积极的意义，它可以帮助你专心于一件事情而不受外界的干扰，提高你的问题解决能力和分析思考能力。简而言之，因为抑郁情绪对人类具有积极的意义，所以它才能持续数万年没有消失，并一直存在于人类体内。

事实上，没有人愿意感到抑郁。抑郁、不安、愤怒等类似情绪被称为负面情绪。谁都不希望被负面情绪控制。但是如果一个人感受不到负面情绪，他就无法生存下来。谁会没有苦恼呢？也许正是因为负面情绪的存在，高兴、开心等正面情绪才会让你有更深的感受，从而让你懂得珍惜。有味道差的餐厅作比较，才会知道哪个餐厅味道更好；看过无趣的电影后再看一部好电影，开心的感觉也许会放大两三倍。

综上所述，我们没必要对抑郁产生"过敏反应"。**抑郁情绪也是值得珍惜的情绪之一，是它让我们体会到了"我在活着"，是它告诉我们"啊，我太累了，我需要改变，我需要帮助"**。很多艺术家就是在抑郁的状态下创造出不朽的名画或名曲的。你有抑郁情绪，也许正好证明了你的大脑运转正常呢。

被伤害的勇气

多愁善感的旅行

"我今天有些多愁善感"这句话你一定不会陌生。下雨时望向窗外，或是看了一部触动心扉的电影，都会产生这种情绪。多愁善感听起来不像是正面情绪，和抑郁听起来也有些类似，但其实这是两种不同的情绪。多愁善感的概念中包含了抑郁，但孤独、孤单、清闲、感动、安静、惆怅等其他复杂情绪也掺杂在其中。

多愁善感就像是一道情绪的"自助餐"，这种丰富的情绪状态对增强我们的自我存在感起到非常重要的作用。它既不是正面情绪也不是负面情绪，是"中立国"。我们的生活中大都充斥着类似高兴和悲伤这种非黑即白的情绪，而多愁善感这种灰色情绪反而比较少见，所以它对我们来说意义更大。它的出现，有助于我们进一步提高对自我存在感的感知能力。

总听人说"要多体会生活中值得感叹和感动的人或事"，但想要做到这点却并不容易。在日复一日的单调生活中，哪有那么多值得感叹和感动的事？这句话本意是想让大家用心感受生活中的每件小事，但事实上不管是在家中还是在职场，值得感动的事真的很难轻易找到。有孩子的父母们

第四章
心中有爱的人才会得到爱

期待从孩子那里找到感动，没有孩子的人则利用兴趣爱好来提高被感动的机会。事实上，比起感叹或感动来说，多愁善感才是更容易接近，也更容易调整的情绪状态。

喝下一杯酒，哼唱起记忆中的一首歌时，去野外露营，望着繁星满天的夜空时，你的感受是什么？有没有一种失而复得的感觉？在繁忙的工作和生活中很久没有体会过的情绪是不是又再次体会到了？多愁善感的感觉，比其他任何一种情绪都更容易让你感受到"我还活着"的存在感。多愁善感的音乐、多愁善感的风景、多愁善感的回忆……这种情绪常常让我们眼角湿润，同时能更让我们专注自己内心的状态。

我们出门去旅行，说不定也是为了去寻找多愁善感这种情绪的。旅行回来，哪些瞬间是让你印象深刻的呢？比起和朋友一起玩耍或吃到好吃的食物来说，不经意间感受到的平淡小事反而会留在记忆里更久。可能是一边欣赏落日一边品尝葡萄酒的时候，也可能是登上山顶，直面炙热的太阳的时候。这些时刻感受到的情绪，是一种被净化、被治愈的感觉，而这些感觉恰恰是在日常生活中很难感受到的。

多愁善感的情绪比感叹和感动离我们的距离更近，所以对我们有着更重要的意义。不用非去旅行，看一本书或听一首歌就足够了。挤出一点点的休息时间，或是少睡一会儿觉，多愁善感的时间就出来了。如果能在如此短的时间内感受到自我的存在，这可比睡几个小时的觉要更有意义的多。那些善于在日常生活中找到"多愁善感"的人，幸福指数可能比其他人都要高呢。

第四章
心中有爱的人才会得到爱

让灵魂更强大的自我训练法

小时候经常被问到"你有什么爱好?",长大以后被问到次数最多的却是"你主要通过什么方式来缓解压力?"随着年龄的增加,人们被问到的和提出问题的方式虽然发生了改变,但这两个问题的含义其实是一样的。都是在询问遇到问题后通过何种方法来解决的好问题。好,现在我又有问题要问大家:"当你想体会'活着'的感觉时,你会怎么做?"我们需要从缓解压力这种偏消极的活动中脱离出来,积极地寻找方法来体会自我存在感。这就和锻炼身体预防得病与得病后再吃药的区别是一样的。下面就为大家来介绍几种方法。

被伤害的勇气

一本书、一首歌创造的奇迹

有一个非常棒的方法，它完全不需要别人帮助，甚至有人在旁边反而会有所妨碍，但又能让你深刻感受到别人的人生。有时候它给予你丰富的知识，有时候它让你体会到丰富的情感世界。虽然在安静平和的状态下进行，但却能同时触动你的大脑和心灵。这个方法就是读书。读书不需要特别的场所，也不需要别人帮助，是最具代表性的寻找自我存在感的方式。

曾几何时，读书是很多人的人生目标。现在人们为了考进好大学而读书、学习，但是在以前，人们读书的目的是获取知识和学会做人的道理。对于他们来说，读书本身就是一种人生的乐趣。

从过度竞争和让人透不过气的学业压力中逃脱出来的成年人，对书总带有一种强烈的抗拒感。提起书就会想到各种教科书和复习资料，提到读书脑海中就会浮现出自己挑灯夜读的身影。可以说，现在国人不爱读书很有可能是因为学生时代留下的心理阴影。没体会到读书的乐趣，只把读书当成一种任务，导致现在看到书就会感到烦躁，还不如看场电影或上上网。

第四章
心中有爱的人才会得到爱

现在让我们从学生时代的噩梦中醒来,用崭新的视角来看待读书这件事吧。书不再是教科书,它是带给我快乐和感动的载体。俗话说"开卷有益",但很多人总有意挑选看起来对自己有帮助的书。由此看来,把书当成教科书的习惯确实有些根深蒂固。他们还在把书当成学习的一种手段。如果你只是觉得"应该看",而不是"想看",那就很难通过读书来感受自我存在感。

要想通过读书来感知自我,就要改变你对读书的看法。我们应该并且能够从读书中寻找到乐趣和内心的平静。**书的内容好坏并不重要,重要的是我坐在椅子上一边喝着茶一边认真看书的状态和时间**。价值不在于一本书,而在于读书这个行为本身。一声轻轻的翻书声都属于这个行为的一部分。读书本身就代表着一种意识。

我们不必像先人那样对书中的内容太过执着,也不一定非要捧着《论语》或《孟子》来仰慕那些古代的大家。阅读人文类读书可以丰富我们的知识;阅读小说则能通过书中的人物体会人间冷暖,感受快乐、不安、焦躁、绝望、失落等各种正面和负面情绪。不论是获取知识还是感受情感,读书都能为我们的大脑和内心带来巨大的活力。

有些人喜欢躺在人群嬉闹的海边沙滩上读书。如果一个

被伤害的勇气

人不把读书当成乐趣，就无法理解这样的行为。一旦你为读书加上特定的目的，它就不再是一个感知自我的行为。读书本身就应该是你的目的。当你不再企图通过读书来达到某种目的时，你才能真正全身心地享受到读书的乐趣。

欣赏音乐也是一样。人们总说听音乐的时候会产生激动或兴奋的感觉，但这并不是音乐带给我们的全部。当然，音乐会对人体中负责产生情绪的脑边缘系统产生刺激，从而引起人的各种情绪反应。但是当我们听到音乐旋律，或是听出复杂的和声时，大脑皮层下的各个部位都会受到刺激。就像读书可以同时刺激大脑的情绪中枢和认知中枢一样，音乐也能起到相同的作用，并已经通过科学加以证明了。

旋律欢快或悠扬的歌曲能让我们感受到各种情绪，而且很容易勾起往事。在情绪的带动下，一幕幕往事浮现在眼前，而正是这些过去成就了现在的我。这是一个多么珍贵的感知自我的体验。不论是旋律、节奏，抑或是回忆，只要是能把我唤醒的音乐，就是最好的音乐。

不管是看书、听音乐，还是运动，
我们需要通过享受独处的时光来体会"活着"的感觉。

被伤害的勇气

运动不止对身体好

对于运动这件事,我们也要用崭新的眼光来看待它。不管是想减肥还是想增肌,大部分人运动的目的都是为了健康。由此可见运动是带有目的性的。如果没有目标,就无法忍受艰难的训练和身体的疼痛。

现在很多文章都在鼓励大家要多运动,并且罗列了一大堆的理由,比如预防慢性疾病、缓解压力、延长寿命等等。有人还从心理学角度分析,指出运动能愉悦心情,有预防和治疗抑郁症的效果。文中提到,对于轻度抑郁症来说,运动有和药物治疗相同的疗效;抑郁症的恢复阶段也要坚持运动,这样能有效防止抑郁症复发。有些患严重抑郁症或酒精中毒症的患者通过运动战胜了疾病并成为健身达人的事例也常常见诸报端。也许是以毒攻毒的法子,用"运动中毒"治好了心理疾病吧。总之,不管是从内科、外科的角度,还是精神科的角度,运动的好处都是举不胜举的。

我想由此进一步延伸,建议你从感知自我的角度开始运动。不要期待太多的效果,只想着通过运动来感知自我就好了。跑步时会听到自己心跳的声音,力量训练时会感到身体各处肌肉的酸痛。就像读书和听音乐是一项刺激大脑的活动

第四章
心中有爱的人才会得到爱

一样，运动则是刺激我们的骨骼、肌肉和心脏的方法。如果没有刻意的运动，一天中我们几乎感觉不到自己骨骼的移动或心脏的跳动。你也许会说，我的骨骼和心脏当然运转得好好的，不然我早就死了。但我想说的是，**通过人为的方式刺激身体各个部位和机能，感受身体带来的反馈，是一个特别积极的感知自我的过程。**

运动是通过自己的身体来感知自我的过程。努力奔跑后感觉心脏快要跳出来了，这种感觉就是"我活着"的信号。奋力地举起哑铃或杠铃后，全身几乎没有一个地方不是酸痛的，但这种疼痛让我更加清醒，督促我要更加努力锻炼。我的肌肉和骨骼越来越强壮，证明着我的发育状态，而发育就是"我活着"的最好证明。运动让身体更加强壮，也让我一次又一次地找到自我存在感和自尊感，真是一举两得。

在人生的艰难时刻，通过运动战胜抑郁甚至自杀冲动的人，真的是单纯为了健康才开始运动的吗？我认为这是因为他们在运动中发现了生活的意义。在没有任何目标和意义的麻木生活中，运动赋予了他们新的人生意义。不光现在要活着，今后也要好好地活着——这种连药物、医生或书籍都无法唤起的生活勇气，通过运动，他们找到了。这真是太棒了。

被伤害的勇气

　　当你不再企图通过运动来达到某种目的时，你才能真正全身心地享受到运动的乐趣，并从中找到自尊。饭后散步时，感受脚底和地面接触的感觉；吃过午饭后，去公司周围溜达一会儿，感受灿烂的阳光和清风拂面的感觉。只要能用心体会身体的感受，散步也能算是一种运动。不管是轻松的方式还是用需要用力的方式，只有在身体移动的瞬间，我们才能真切感受到自我的存在。

第四章
心中有爱的人才会得到爱

寻找被伤害的勇气

答案不是别人,正是你自己

当面对非难与指责时,如果只依靠外部手段是无法让我们从痛苦中走出来的。你变成了对方希望的样子,但对方可能依然不满意。甚至那些曾经喜欢你的人反而会因为你的变化而远离你。按照他人的喜好来改变自己,对于处在非难与指责中的你来说,不会有任何帮助。不要试图去接受那些扑面而来的指责,改变应对指责的方式才是最有效的方法。

面对没有根据的指责和人身攻击,我们要挺直腰杆,偶尔还要摆出无视的姿态。当然,说起来容易做起来难。有了想法不一定马上就能运用到实践中去。内心已经受到伤害的你，要想实施新的计划就需要更多的力量。先让内心强大起来吧。要坚定信念，告诉自己"我没错"，"我有资格得到尊重"。只有内心足够强大，我们才能拥有无视他人指责，直面流言蜚语的勇气。

在与那些曾经深陷指责与非难的漩涡，后又脱离苦海，走出阴霾的人聊天时，我发现他们都存在着共同点。

① 现在对于别人的指责与非难，我们已经完全不介意了。为什么？不知道。

② 可是那些指责我的人的态度并没有发生改变。情况也还是一样。

③ 现在不会再像以前那样畏首畏尾、惶恐不安，可以充满自信地与人交往。发表个人意见时也信心满满。

这真的值得我们注意。他们回答的不是"那人改变了对我的看法"，"我在和那人的争论中获胜了"。"**我现在几乎不怎么介意了**"等类似回答是最典型的好转信号。因为他们意识到"**我自己也是个很好的人**"，他们找回了自尊。我知道现在很多人依然没有找到自尊，不妨马上就行动起来吧。寻找自尊是没有终点的，无论何时开始都不晚。

第四章
心中有爱的人才会得到爱

孤独，是你独自站立起来的机会

在寻找自尊的路上，我们需要注意些什么呢？

首先最重要的是，我们要承认过去的已经过去了。 每个人的自尊感不是永远不变的。我们不要埋怨自己的父母或是生长的环境，也不要埋怨自己。自尊感是可以改变的。环境并不能决定一个人的自尊感，我的懦弱和不足也只不过是为了在艰难的环境中生存下来而选择的一种手段。况且埋怨父母或环境对现在的我不会有任何帮助。相反，我们需要拍着自己的肩膀说："你很坚强！你活得很好！"

我们要学会从日常纷繁复杂的事物中脱离出来，就算一天再累再忙也要抽出时间来思考和自省。 如果回想这一天是如何度过时发现除了工作就是工作，那确实有些糟糕。还记得笛卡尔说过的那句"我思故我在"吗？在工作中努力思考固然重要，但为自己思考的时间也是非常必要的。为了让每天的生活不那么枯燥，我们可以故意制造出一些变化。比如在确保上班不迟到的情况下稍微晚起一会儿，自己吃个午饭，或是提前一站下车走回家。在这些"多出来"的个人时间里，我们就可以尽情地思考了。思考除了工作以外的事情，或是以前没有想到的事情。

被伤害的勇气

寻找自己喜欢和感兴趣的事，也需要付出努力。 你多久没有感受过"真正的快乐"了？如果从工作中无法找到，那就想办法从其他地方寻找快乐吧。快乐，是让我们体会到自我存在感的一种最强烈的正面情绪。此外，我擅长的，基本上都是我喜欢的。积极寻找我喜欢的事情并参与到其中也是一个好办法。

不要害怕一个人独处。 不但不应该害怕，我们还应该有意制造独处的机会。"这种事怎么能一个人干呢？"的想法已经过时了。自己一个人的时候，可以尽情做自己想做的事情而不用看别人的脸色。在这个信息爆炸又充满诱惑的时代，能把全部注意力集中在自己身上，为自己思考的机会并不多。独处的时间犹如沙漠中的绿洲，如果你能意识到这一点，说明你的自我存在感又提升了一个台阶。

同样，充分体验在人际交往过程中发生的喜怒哀乐也是非常有必要的。 因为发生在别人身上的经历也许某一天也会发生在我的身上。就像适当接触细菌能让身体产生一定的免疫力一样，我们也需要在复杂的人际关系中"摸爬滚打"。有了人际关系免疫力后，说不定我们在指责与非难发生之前就能有所察觉，也会增强抗打击的能力。再加上人脉广本身就好处多多，我们更应该积极地结交朋友，扩大"同一条战

第四章
心中有爱的人才会得到爱

线上的朋友"数量。人际交往经验丰富的人必然有更强的"免疫力",这是毋庸置疑的。

同时,我们还要多做练习,学会关注自己的情绪和内心。关注外界发生的事占据了我们大部分时间,留给自己的时间还远远不够。读书、听音乐、做运动,不管哪种方式,都能使我们更加专注自己的内心。别忘了还有i-message这个方法,也要积极地用起来,达到了解自我和沟通的目的。

最后,我们应永远保持尊重他人的姿态。在周围人心中种下尊重的种子,终有一天你会收获到他人对你的尊重。尊重不需要比较,它与嫉妒不同。如果我能接受并尊重一个和我不同的人,就不会产生不必要的嫉妒或羞愧感。你善待别人,别人才会善待你。获得尊重的人会把那份尊重原封不动地再传递给你,你就会越加坚信"我是一个值得被尊重的人"。虽然非难与指责不可避免,但我们也没必要整天对别人大声吼叫,不是吗?

被伤害的勇气

跋

现在,请将目光投向爱你的人

因为医生这个职业的特殊性,使得我们比其他人的人际交往圈要小很多。在医院这个有限的空间里工作一段时间后,我发现医生似乎处在"甲方"的位置上。作为医院经济来源的主要贡献者,我们能获得相对不错的待遇,也一直受到大众的普遍尊重和认可,所以对一般上班族所遇到的苦恼做到感同身受并不太容易。虽然我们每天要面对大量形形色色的病人,工作起来并不轻松,但依然无法和那些因复杂的人际关系而饱受困扰的上班族相比较。

不知道是幸运还是不幸,跟我一起从小长到大的朋友

第四章
心中有爱的人才会得到爱

中有很多是上班族。也许是职业病吧,在和这些朋友一起出去喝酒或运动的时候,我总会问很多关于工作压力的问题。而朋友们的回答中,大部分都提到了"对同事不满"。"工作辛苦些是没办法的事,我可以接受,但有时候真是不知道对方想让我怎样做,也真不知道怎样和某些人相处。"这个回答非常具有共性,我也希望我能给出让他们满意的答案,但事实上我却说出了不少不疼不痒的话,比如"放心,都会好起来的"或是"凡事要多往积极的方面想"这种。每次说出这样的话,作为精神科医生的我都觉得羞愧不已。有时候朋友向我倾诉的某件事听起来真是"四面楚歌",连我都产生了绝望的感觉,就更不知道该如何给朋友中肯的建议了。

在酒席间和朋友们的这种对话对我后来的工作特别有帮助。因为间接的经验一样可贵,它很大程度地拉近了我与患者之间的距离。事实上,比起那些未婚的精神科医生,有孩子的精神科医生在谈到养育子女的问题时更有发言权,治疗效果更好。不过间接经验也有一定的局限性。在与那些因与公司同事或上司发生矛盾前来咨询的患者聊天时,我不敢说我能做到百分之百地理解他。他们的痛苦往往比我预想的要深得多。现实比想象更残酷,作为医生提不出

被伤害的勇气

建设性的意见，一切都是徒劳，只是拍拍肩膀的安慰永远无法让患者满意。光开药就更加可笑了。此外，他们不希望自己被当成病人来看待，因为他们只是想找一个倾诉的对象。

"其他地方不方便，医院相比之下还算是个能保密的地方。如果和同事谈论这些，也许用不了几天全公司的人就都知道了呢。"

从住院医师到主治医师，再到自己开医院，这期间我遇到了非常多的"上班族"患者。有的人会滔滔不绝地讲述对公司的种种不满，也有人只关心开什么药，病什么时候能好。当然也有一些人对医生抱有偏见，不相信医生能理解一般上班族的苦衷。这对我来说也是一种挑战。我要花更多时间去钻研，要更有耐心地去倾听。我听到过让人无法理解的奇葩案例，也遇到过因公司内部体系太过混乱导致我完全听不懂患者在讲什么的情况。"上班族的斗争与烦恼"至少不是精神科医院里经常碰到的主题，婆媳矛盾、夫妻不和、子女问题才是我们熟悉的话题，在回答这类问题时我相对会说得比较多。

我到现在这个单位工作已有三年。现在我大部分时间都花在帮助患者解决公司内部矛盾或缓解工作压力上了。虽然偶尔也有咨询家庭问题或其他个人问题的人，但大部分都会或多或少涉及公司。事实上，我对上班族是非常尊敬的。经

第四章
心中有爱的人才会得到爱

常天不亮就要起床，打着哈欠去上班的你；从没体会过按时下班，每每回家总是披星戴月，但第二天依然打起精神努力工作的你；周末被叫回公司加班的你；即便晚归也要和家人坐下来聊聊天的你；睡眠时间严重不足却一天天坚持下来的你，值得让人尊敬。"如果是我绝对坚持不下来"的想法不知在我脑海中出现了多少次。虽然我在上医科大学时也经历了不少精神上和肉体上的双重苦难，但至少现在比起大多数的上班族要轻松许多。不管是为了获得成功，还是为了糊口，目的并不重要，重要的是你们坚持下来了，这本身就值得让人尊重。

带着对上班族的崇敬之心，我每天都在为如何解决他们的苦恼而努力着。最开始我关注到的是他们的巨大工作量和排得满满的时间表，这甚至让我认为在这种环境中工作不可能没有压力。但后来我发现我想错了。工作是一方面，最难解决的问题其实是"人"。"身体累点没关系，只要能安心工作就好"是上班族们最真实的诉求。来咨询的人中，大部分人遇到的问题都和公司内部人际关系有关。有些人一开始也许是在发泄对工作量太大的不满，但说着说着就会说到人的问题上。所以**归根到底，症结在"人"**。

人与人之间产生的职场矛盾中，我最为关注的是与指责相

被伤害的勇气

关的部分。来自于上司和同事之间的流言蜚语,不知何时尽人皆知的我的负面新闻……非难与指责就像空气,可能存在于公司的任何一个角落。那些被伤害的人往往在遇到时束手无策,而争吵与抵抗反而会带来更大的伤害。他们越来越没信心,甚至心生绝望。因此,我把指责与非难作为我关注的重点,是因为这是你我都可能遇到的情况。我自己也曾经因为无根据的诽谤而气得火冒三丈,相信正在读这本书的读者们也有过类似经历吧?当我确定了这个研究重点后,我开始有意收集相关的各种信息。在我写这本书时,我最想告诉大家的是,对于非难和指责这个"生活入侵者",我们不要太过在意。那些与我的幸福安宁没有任何关系的人所说出的话有那么重要吗?无论何时,最重要的都是我自己,我自己的幸福生活。

虽然非难与指责可能出现在任何时候,但我们不要总带着被害意识生活。决定这个世界是充满恶意还是鸟语花香的不是别人,正是我们自己。人们似乎总是对负面的内容更为关注。没有人觉得不用为一日三餐发愁,每天都有饭吃是一件值得感恩的事,反而都在为晚饭不好吃而发着牢骚,这可能是我们大部分人的普遍心理。但我希望大家能够多关注"正能量"。我周围有喜欢我的人,必然就有

第四章
心中有爱的人才会得到爱

讨厌我的人。那又怎样？**我光是和那些喜欢我的人好好相处还觉得时间不够呢。谢谢你们的存在，我也希望我成为你们的坚强后盾。**

今天又该给那些我爱的人发个短信了。

Better系列 读者调查

感谢您参加《被伤害的勇气》读者调查活动，传真或邮寄此页（附购书小票）回编辑部，即可获得神秘礼品一份（数量有限，赠完为止）。参加此次活动者还将通过邮件不定期收到Better系列的最新出版信息，敬请期待！

Step1 您的基本资料

姓名：_____　性别：□女　□男

年龄：□20岁及以下　□20-30岁　□30-40岁　□40-50岁　□50-60岁

电话：_____　E-mail：_____

学历：□高中（含以下）　□大学　□研究生（含以上）

职业：□学生　□教师　□公司职员　□机关　□事业单位　□媒体　□自由职业

Step2 您对本书的评价

您从哪里得知本书的信息：

□书店　□报纸　□杂志　□电视　□网络　□亲友介绍　□工作坊　□瑜伽馆　□其他

读完这本书您觉得：

内容：□很吸引人　□还好　□枯燥(请明原因)_____　□您的建议_____

封面设计：□够酷　□还好　□没注意　□不好(请说明原因)_____
□您的建议_____

价格：□偏低　□合适　□能接受　□偏高　□您的建议_____

Step3 您的建议

您喜欢哪种类型的书籍：

□经管　□心理　□励志　□社会人文　□传记　□艺术　□文学　□保健　□漫画
□自然科学　其他_____（请补充）

您不喜欢哪种类型的书籍：

□经管　□心理　□励志　□社会人文　□传记　□艺术　□文学　□保健　□漫画
□自然科学　其他_____（请补充）

您给编辑的建议：_____

华夏出版社地址：北京市东直门外香河园北里4号　**Better**编辑部
邮编：100028　　传真：(010)64662584
Better编辑部　博　客：http://blog.sina.com.cn/betterbookbetterlife
　　　　　　　　微　博：http://weibo.com/1617597092

请延虚线剪下装订寄回，谢谢！